S0-CBL-019

NO LONGER PROPERTY OF
SEATTLE PUBLIC LIBRARY

创意家装设计灵感集

奢华 卷

创意家装设计灵感集编写组 编

机械工业出版社
CHINA MACHINE PRESS

本套丛书甄选了2000余幅国内新锐设计师的优秀作品,对家庭装修设计中的材料、软装及色彩等元素进行全方位的专业解析,以精彩的搭配与设计激发读者的创作灵感。本套丛书共包括典雅卷、时尚卷、奢华卷、个性卷、清新卷5个分册,每个分册均包含了电视墙、客厅、餐厅、卧室4个家庭装修中最重要的部分。各部分占用的篇幅约为:电视墙30%、客厅40%、餐厅15%、卧室15%。本书内容丰富、案例精美,深入浅出地将理论知识与实践完美结合,为室内设计师及广大读者提供有效参考。

图书在版编目(CIP)数据

创意家装设计灵感集. 奢华卷 / 创意家装设计灵感集编写组编. — 北京:机械工业出版社,2020.5
ISBN 978-7-111-65294-6

Ⅰ.①创… Ⅱ.①创… Ⅲ.①住宅−室内装饰设计−图集 Ⅳ.①TU241-64

中国版本图书馆CIP数据核字(2020)第059263号

机械工业出版社(北京市百万庄大街22号 邮政编码 100037)
策划编辑:宋晓磊 责任编辑:宋晓磊 李宣敏
责任校对:李 杉 张晓蓉 责任印制:孙 炜
北京联兴盛业印刷股份有限公司印刷

2020年5月第1版第1次印刷
169mm×239mm·8印张·2插页·154千字
标准书号:ISBN 978-7-111-65294-6
定价:39.00元

电话服务 网络服务
客服电话:010-88361066 机 工 官 网:www.cmpbook.com
010-88379833 机 工 官 博:weibo.com/cmp1952
010-68326294 金 书 网:www.golden-book.com
封底无防伪标均为盗版 机工教育服务网:www.cmpedu.com

前　言

　　在家庭装修中,设计、选材、施工是不容忽视的重要环节,它们直接影响到家庭装修的品位、造价和质量。因此,除了选择合适的装修风格之外,应对设计、选材、施工具有一定的掌握能力,才能保证家庭装修的顺利完成。此外,在家居装修设计中,不同的色彩会产生不同的视觉感受,不同的风格有不同的配色手法,不同的材质也有不同的搭配技巧,打造一个让人感到舒适、放松的家居空间,是家庭装修的最终目标。

　　本套丛书通过对大量案例灵感的解析,深度诠释了对家居风格、色彩、材料及软装的搭配与设计,从而营造出一个或清新自然、或奢华大气、或典雅秀丽、或个性时尚的家居空间格调。本套丛书共包括5个分册,以典雅、时尚、奢华、个性、清新5种当下流行的装修格调为基础,甄选出大量新锐设计师的优秀作品,通过直观的方式以及更便利的使用习惯进行分类,以求让读者更有效地了解装修常识,从而激发灵感,打造出一个让人感到放松、舒适的居室空间。每个分册均包含家庭装修中最重要的电视墙、客厅、餐厅和卧室4个部分的设计图例。各部分占用的篇幅分别约为:电视墙30%、客厅40%、餐厅15%、卧室15%。针对特色材料的特点、选购及施工注意事项、搭配运用等进行了详细讲解。

　　我们将基础理论知识与实践操作完美结合,打造出一个内容丰富、案例精美的灵感借鉴参考集,力求为读者提供真实有效的参考依据。

目 录

奢华型电视墙装饰材料

欧式、中式、古典美式等传统风格能给人带来奢华的印象，这类风格的电视墙通常会选用较为名贵的木材、天然石材以及带有华丽复古图案的壁纸作为主要装饰材料。

① 雪弗板雕花贴银镜

② 车边烤漆玻璃

③ 玻璃锦砖

④ 装饰灰镜

⑤ 爵士白大理石

图1

深紫色烤漆玻璃装饰的电视墙，奠定了客厅奢华低调的品位，用白色来中和深色，让空间色彩搭配更和谐。

图2

茶色镜面与银色玻璃锦砖的装饰，为客厅带来奢华的视觉效果，家具及饰品上的复杂雕花，则令空间呈现出古典风格的美感。

图3

金属元素的运用，缓解了深色调的沉闷感，为空间营造出厚重、奢华的视觉感受。

图4

浅金色与白色装饰的电视墙使客厅呈现出奢华、大气的视觉效果。

① 黑白根大理石
② 印花壁纸
③ 米色网纹大理石
④ 白枫木装饰线
⑤ 云纹大理石
⑥ 红樱桃木窗棂造型贴银镜

图1

大马士革图案的印花壁纸十分富有古典韵味，搭配大理石线条，让墙面装饰元素更加丰富。

图2

大理石饰面的立柱与拱门造型令空间呈现出奢华味道，从设计细节中体现了古典风格的精致品位。

图3

选用素色的大理石与印花壁纸装饰电视墙，再通过一点儿金色进行点缀，展现了新古典风格的秀美与华丽。

图4

云纹大理石、木窗棂造型、银镜、实木电视柜等元素相互搭配，使中式风格空间显得含蓄而又华丽。

装饰花卉
色彩淡雅的花卉，让空间更加柔和温馨。
参考价格: 根据季节议价

① 云纹大理石
② 车边茶镜
③ 车边银镜
④ 中花白大理石
⑤ 白枫木饰面板
⑥ 印花壁纸

钢化玻璃茶几
黑色钢化玻璃茶几造型简洁大方，增强了空间的时尚感。
参考价格：800~1200元

图1

电视墙的装饰线条以简洁的直线条为主，奠定了现代欧式风格清丽、精美的格调，茶色镜面、白色石膏板及云纹大理石等装饰材料的搭配，更加突出了搭配的用心。

图2

带有金属质感的印花壁纸，使电视墙呈现出华丽的视觉效果，两侧对称的银镜在灯光的衬托下更显奢华、大气。

图3

墙面以白色系为主，展现了现代欧式风格简洁、大气的美感。白色电视柜的精美雕花则体现了欧式风格家具的精致品位。

[实用贴士]

电视墙可以选用哪些材质

（1）木质材料：木质饰面板的花样单一，价格实惠，选用饰面板作电视墙，不易与居室内其他木质材料相抵触，清洁起来也十分方便。

（2）天然石材：选用具有自然纹理的石材作电视墙，可营造出返璞归真、安静惬意的居室氛围，更有隔声、阻燃等特点。

（3）玻璃、金属：采用玻璃与金属材料作电视墙，能给居室带来很强的现代感。虽然经济投入相对不高，但是施工难度较大。也有些消费者用烤漆玻璃作背景墙，对于光线不太好的房间还有增强采光的作用。

（4）壁纸、壁布：近几年，壁纸、壁布的加工工艺都有很大提高，不仅注重环保性能，而且还有很强的遮盖力。用它们作电视墙，能达到很好的装饰效果，而且施工简易，改换起来也十分方便。

（5）油漆、艺术喷涂：在电视墙上喷涂不同颜色的油漆以构成对比，可以打破空间墙面的单调感，经济实惠，而且可以自己完成。采用艺术喷涂作电视墙，其颜色可给人很强的视觉冲击。

装饰材料

米黄色网纹大理石

米黄色网纹大理石的色泽艳丽、色彩丰富，被广泛用于室内墙、地面的装饰

👍 优点

色泽艳丽、纹理自然是米黄色网纹大理石最突出的特点。它以黄色为底色，表面带有金黄色不规则纹理，能够营造出温馨、浪漫、雅致的空间氛围，是表现传统家居风格奢华气度的常用装饰石材。

❗ 注意

在购买大理石时必须要求厂家出示检验报告，并注意检验报告的日期，同一品种的大理石因其矿点、矿层、产地的不同，其放射性存在很大差异，所以在选择或使用大理石时不能只看一份检验报告。

★ 推荐搭配

米黄色网纹大理石+车边银镜

米黄色网纹大理石+黑金花大理石

图1

运用米黄色网纹大理石装饰电视墙，不需要复杂的设计造型，便能打造出一个既不单调又颇显华丽的空间。

① 米黄色网纹大理石

② 车边银镜

③ 黑金花大理石

④ 米黄色网纹玻化砖

⑤ 米色网纹大理石

⑥ 印花壁纸

① 陶瓷锦砖

② 爵士白大理石

③ 装饰银镜

④ 米黄色大理石

⑤ 米黄色网纹抛光墙砖

⑥ 云纹大理石

图1

陶瓷锦砖的运用,让电视墙更有设计感,让直线条装饰的墙面视觉层次更加丰富。

图2

米黄色大理石装饰的电视墙,充分体现出古典欧式风格的奢华与大气。实木电视柜的精美雕花经过描金处理后,更显古典风格家具的厚重与高贵。

图3

现代欧式风格的电视墙,装饰线条以直线为主,简洁大气,米黄色与白色的搭配也更显温馨。

图4

客厅整体以白色为主色调,彰显了现代欧式风格清丽、精美的一面;石膏板雕花、欧式弯腿电视柜等独具欧式风情的装饰,更加凸显出风格的奢华与贵气。

① 米黄色洞石

② 镜面锦砖

③ 云纹大理石

④ 中花白大理石

⑤ 白枫木饰面板

⑥ 浮雕壁纸

金属花器
银色金属花器，造型简洁、大气，
为欧式风格空间增添时尚感。
参考价格：200~400元

图1

斑驳的米黄色洞石装饰的电视
墙，典雅而质朴，提升了整个空间
的意境。

图2

米色墙砖搭配银色镜面锦砖，典雅
而贵气，增加了视觉的层次感。

图3

大气磅礴的云纹大理石增添了客厅
的古典神韵，与白色护墙板组合运
用，呈现出亦古亦今的空间氛围。

图4

素色的客厅空间内，电视墙以现代
的直线条作为装饰，创造出简洁而
平和的氛围，古典风格壁纸的运
用，为空间增添了一份柔美典雅的
意蕴。

雕花银镜

雕花银镜是艺术玻璃的一种,图案多以古典纹样为主。将古典元素通过现代手段与镜面完美融合,十分具有装饰效果。

👍 优点

雕花银镜的画面绚丽而清雅,生动而精致,超凡脱俗,美轮美奂。其别具一格的造型,丰富亮丽的图案,灵活变幻的纹路,抑或充满古老的东方韵味,抑或释放出西方的浪漫情怀。

❗ 注意

雕花银镜的日常养护并不麻烦,用软布干擦或清水擦拭即可。对于较立体、凹凸有致的雕花玻璃,可先用软毛小刷子刷去灰尘,这样做可使清洁效果更佳。

★ 推荐搭配

雕花银镜+大理石+大理石装饰线

雕花银镜+木质饰面板+木质装饰线

雕花银镜+木质装饰线+壁纸

图1

雕花银镜与大理石组合搭配,让空间看起来更加敞亮,也彰显出现代欧式风格的轻奢感。

① 雕花银镜

② 米色网纹大理石

③ 车边银镜

④ 不锈钢条

⑤ 印花壁纸

台灯
金属底座台灯，给人时尚华丽的
视觉感受。
参考价格：800~1200元

图1

爵士白大理石给人以大气的感觉，
白色基调搭配黑色镜面，增加了空
间的品质感。

图2

以白色为主色的电视墙，通过黑色
与银色线条的修饰，为空间营造出
简约而奢华的气质。

图3

电视墙两侧的立柱造型，让空间设
计十分具有仪式感，彰显了新古典
主义风格的贵气与格调。

① 爵士白大理石
② 黑色烤漆玻璃
③ 镜面锦砖
④ 黑白根大理石
⑤ 装饰银镜
⑥ 陶瓷锦砖拼花
⑦ 米白色网纹玻化砖

[实用贴士]　　**如何用石材装饰电视墙**

　　石材在家居装饰中的应用非常广泛，这是因为石材花纹独特、美观耐
用，造型非常丰富，表面处理方式多种多样。用石材装饰电视墙，可以使
电视墙的"表情"变得丰富起来，成为客厅中一道亮丽的风景线，也是展
现主人品位的一扇窗。家庭装修中，做一面石材电视墙，既可以提升主人
的品位，又可以提升房间的奢华感、大气感。选用一款华美的或者几款精
致的石材，通过设计造型和图案，就能打造出一面独具个性、奢华的电视墙。

① 皮纹砖

② 雪弗板雕花贴银镜

③ 米色玻化砖

④ 云纹大理石

⑤ 浅咖啡色网纹大理石

⑥ 灰镜装饰线

图1

棕色皮纹砖给人带来温暖、厚重的感觉，雕花银镜及浅色印花壁纸的组合运用，让墙面的设计层次更丰富。

图2

将大理石雕刻成立柱造型，精美的雕花线条将古典欧式风格的华贵气质展露无遗。

图3

电视墙面选用两种颜色的大理石作为装饰，色彩及纹理都十分有层次，彰显了现代欧式简洁、大气的美感。

图4

米黄色大理石装饰的电视墙，色泽温润，纹理丰富，表现出现代欧式风格的简洁与贵气。

大理石茶几
大理石饰面的茶几搭配实木支架，展现出欧式风格厚重的美感。
参考价格: 1800~2200元

装饰材料

木质装饰线

木质装饰线简称木线。木质装饰线品种较多，主要有压边线、柱脚线、压角线、墙角线、墙腰线、覆盖线、封边线、镜框线等。

👍 优点

木质装饰线的主要作用是室内墙面的腰饰线、墙面洞口装饰线、门框装饰线、顶棚装饰角线、栏杆扶手镶边、门窗及家具的镶边等。各种木质装饰线的造型各异，有多种断面形状，如平线、半圆线、麻花线、十字花线等。可以根据自己的喜好及装修风格来进行选择。

❗ 注意

木质装饰线有实木装饰线和合成木质装饰线两种，在选购时可以掂一下装饰线的重量，一般实木线比较重，而合成木质装饰线的密度如果不达标，装饰线的重量就会很轻，使用寿命也会大打折扣。

★ 推荐搭配

木质装饰线+壁纸+米黄色网纹大理石

木质装饰线+壁纸+车边银镜

图1

木质装饰线多变的造型可以让设计层次更加丰富，还可以根据设计需求对其进行各种颜色的涂刷，让装饰效果更佳。

① 木质装饰线

② 艺术地毯

③ 米黄色网纹大理石

④ 木质窗棂造型

⑤ 雕花银镜

⑥ 白色玻化砖

① 陶瓷锦砖
② 浮雕壁纸
③ 印花壁纸
④ 白枫木饰面板
⑤ 浅咖啡色网纹大理石
⑥ 米黄色网纹大理石
⑦ 雪弗板雕花贴银镜

图1

电视墙的选材十分考究，花白色大理石、陶瓷锦砖、白枫木饰面板及花纹浮雕壁纸的组合，让墙面呈现的视觉效果十分饱满，也彰显了欧式风格家居的精致品位。

图2

大马士革图案的浮雕壁纸搭配白色木饰面板装饰的电视墙，设计搭配十分简单却很好地展现出古典文化韵味。

图3

简洁的石膏线条，让墙面的设计造型看起来更加丰富，与纹理清晰的大理石相搭配，彰显了古典美式的精致美感。

图4

米黄色与白色装饰的运用，让电视墙呈现的视觉效果十分温馨舒适，材质丰富的纹理及精美的雕花图案，彰显了欧式风格的精致品位。

① 皮革软包
② 石膏饰面罗马柱
③ 大理石饰面罗马柱
④ 黑白根大理石踢脚线
⑤ 金箔壁纸
⑥ 布艺软包

装饰花卉
色彩娇艳的装饰花卉,是客厅中一抹亮丽的色彩。
参考价格: 根据季节议价

图1

软包赋予墙面柔软的触感,搭配大马士革图案壁纸,装饰效果良好,让整个墙面显得素雅而端庄。

图2

罗马柱的精美雕花,彰显了古典风格的奢华格调,同时也丰富了墙面的设计层次。

图3

电视墙两侧均采用大理石实木立柱作为装饰,从细节处流露出西方古典文化的奢华气质。

图4

软包在金色线条的修饰下,更加凸显了新古典风格含蓄的美感,简约的线条、对称的设计,展现出设计的平衡感。

吊灯
吊灯的造型优美，灯罩精致而通透，古朴又时尚。
参考价格：1800~2200元

图1

印花壁纸与白色木质面板的组合，令空间显得清新淡雅，米黄色大理石饰面板的电视柜彰显了古典风格家具的奢华品质。

图2

整个墙面大面积地运用大理石作为装饰，以浅色为主，深色为辅，空间感很强。对称的设计造型简单，却不失欧式风格奢华大气的视觉感。

图3

利用陶瓷锦砖装饰的电视墙，设计层次十分丰富，精美的拼花彰显了设计工艺的精湛。

图4

浅棕色硬包、白色装饰线、雕花银镜组合搭配，展现出欧式风格居室设计的层次感。

① 印花壁纸
② 白枫木饰面板
③ 深咖啡色网纹大理石
④ 陶瓷锦砖拼花
⑤ 装饰硬包

① 皮革软包

② 印花壁纸

③ 陶瓷锦砖

④ 中花白大理石

⑤ 装饰硬包

⑥ 大理石饰面罗马柱

图1

米白色赋予空间简洁柔和的美感，黑色电视柜让色彩更有层次，同时也搭配出新古典风格的精致与柔美。

图2

卷草图案壁纸为空间带来典雅柔和的美感，黑漆描金电视柜凸显了古典家具的格调。

图3

花白大理石为空间带来洁净的美感，简洁的直线条表现出现代风格的简约，棕色硬包的加入则使空间氛围更趋于稳重。

图4

大理石立柱的精美雕花，将古典欧式风格的奢华格调表现得淋漓尽致，米黄色的色调更加凸显空间氛围的华丽。

实木边几
葫芦造型的支架，让边几更加稳固，美观。
参考价格：600~800元

① 云纹大理石

② 银镜装饰线

③ 中花白大理石

④ 米黄色网纹大理石

⑤ 印花壁纸

⑥ 白枫木装饰线

⑦ 米白色人造大理石

［实用贴士］ 大理石电视墙的施工要点有哪些

铺设大理石饰面板时，应彻底清除基层灰渣和杂物，用水冲洗干净并晒干。结合层必须采用干硬砂浆，砂浆应拌匀，切忌用稀砂浆。铺砂浆前先湿润基层，素水泥浆刷匀后，随即铺结合层砂浆，结合层砂浆应拍实揉平。面板铺贴前，板块应浸湿、晒干，试铺后，再正式铺镶，定位后，将板块均匀轻击从而压实。在验收时应着重注意检查大理石饰面铺贴是否平整牢固，接缝应平直，无歪斜、无污渍和浆痕，表面洁净，颜色协调。此外，还应注意查看接缝有无高低偏差，板块有无空鼓现象。

实木电视柜
实木电视柜的造型古朴雅致，为客厅增添了一份稳重感。
参考价格：1800~2200元

吊灯
水晶吊灯的造型复杂，彰显了欧式风格的奢华。
参考价格：1800~2600元

图1

白色实木电视柜的运用，为色调沉稳的电视墙带来一份洁净的美感，让整体的色彩更有层次感。

图2

古典图案的印花壁纸是电视墙装饰的焦点，淡雅的底色搭配精美的大花纹，展现出欧洲古典文化的韵味。

图3

灯光的组合运用，让墙面的石材更富有质感，呈现出极佳的装饰效果。

图4

棕色、灰色与黑色组合成为电视墙的配色，层次丰富，简洁的直线条为古典家居空间增添了一份现代风格的简约、利落的美感。

① 装饰硬包
② 印花壁纸
③ 浅咖啡色人造大理石
④ 白枫木饰面板
⑤ 黑金花大理石

① 铁锈黄网纹大理石

② 车边银镜

③ 深咖啡色网纹大理石

④ 米白色网纹大理石

⑤ 米色网纹大理石

⑥ 皮纹砖

图1

大面积镜面的运用缓解了深色石材带来的沉闷感，让整个客厅显得宽敞明亮。

图2

米白色网纹大理石的运用让客厅显得简洁、大气。美轮美奂的水晶吊灯、造型精致的烛台以及实木雕花电视柜的搭配，更加凸显了空间的奢华感。

图3

电视墙整体以米色为主色，选用大理石与壁纸作为主要装饰材料，充分利用材质的特点来体现搭配的层次感，让整个空间显得更温馨，更有整体感。

图4

灯光的合理运用，缓解了大面积深色给客厅带来的压抑感。白色石膏雕像也为空间的配色增添了一份明快感。

装饰材料

深咖啡色网纹大理石

深咖啡色网纹大理石以浅褐、深褐与丝丝浅白花纹错综交替，呈现纹理鲜明的网状效果，质感极强，立体层次感强，诠释庄重沉稳之风。白色纹理如水晶般剔透，装饰效果极佳。

👍 优点

深咖啡色网纹大理石本身具有较高的强度和硬度，还有耐磨性和持久性，深受室内设计师的青睐。古典欧式风格的客厅中，电视墙通常会大面积地采用深咖啡色网纹大理石进行装饰，仅通过石材自身的色泽及纹理就可彰显出一份气势磅礴的奢华感。

❗ 注意

大理石固定到墙上的方法有胶水粘贴法、干挂法等。为了保证安装牢固，在家装中，建议采用干挂的做法。干挂的做法是通过在墙面安装钢架，用固定件将大理石板连接起来。采用干挂的安装方式更加牢固，安全性更高。

★ 推荐搭配

深咖啡色网纹大理石+装饰镜面

深咖啡色网纹大理石+木质饰面板

图1

深咖啡色网纹大理石带来的视觉效果十分饱满，与红木搭配，更显低调奢华。

① 红樱桃木饰面板
② 深咖啡色网纹大理石
③ 欧式花边地毯
④ 米色网纹大理石
⑤ 中花白大理石
⑥ 装饰银镜

① 米白色网纹大理石
② 印花壁纸
③ 装饰灰镜
④ 米黄色网纹玻化砖
⑤ 米色人造大理石
⑥ 米白色玻化砖

图1

菱形对角拼贴的大理石让墙面的设计层次更加丰富。

图2

白色与棕色的配色让电视墙呈现的视觉效果十分明快。大马士革图案的壁纸为空间注入一份复古情怀。

图3

装饰镜面的运用让空间呈现的视觉效果更富有变化，也缓解了大量暖色的沉闷感。

图4

电视墙的设计相对简约，采用温馨的米黄色大理石，搭配带有银镜饰面的电视柜，简约中有着一丝奢华。

单人沙发椅
沙发椅的精美雕花搭配布艺饰面，让空间氛围更显舒适、奢华。
参考价格：800~1000元

台灯
长方形的仿羊皮灯罩,简洁大气,增添了空间的时尚感。
参考价格: 600~800元

图1

将电视墙设计成拱门造型,呈现的层次感更加丰富,米黄色大理石温润的色泽更显华丽。

图2

大马士革图案的金箔壁纸在灯光的衬托下更显华丽,与白色木饰面板搭配,给人的感觉精致清雅。

图3

暖色灯带搭配米黄色大理石,令空间氛围温暖而奢华。

图4

黄色在中式风格中有着特殊的意义,象征着富贵。定制墙砖以黄色为基调,精美大气的图案,表现出中式风格居室富丽而不张扬的格调。

① 米色大理石
② 金箔壁纸
③ 茶镜装饰吊顶
④ 米黄色网纹人造大理石
⑤ 艺术墙砖
⑥ 米黄色网纹大理石

水晶吊灯
奢华的水晶吊灯，彰显了欧式风格的奢华与贵气。
参考价格：2000~2200元

图1

银色壁纸搭配茶色镜面，在灯光的衬托下，更显华丽。深色实木雕花电视柜的搭配，让色彩更有层次，也彰显了古典欧式风格家居的奢华贵气的美感。

图2

白色与灰色的搭配，让配色更有层次，墙面考究的选材也彰显了欧式风格家居的精致与大气。

图3

以白色为主色的墙面，搭配银色镜面，打造出简洁通透的空间氛围。

图4

大理石装饰的电视墙，简洁大气，色彩层次丰富，彰显了现代欧式风格的特质。

① 车边茶镜
② 印花壁纸
③ 中花白大理石
④ 镜面锦砖
⑤ 车边银镜
⑥ 黑金花大理石

① 米黄色网纹大理石

② 布艺软包

③ 深咖啡色网纹大理石波打线

④ 有色乳胶漆

⑤ 文化砖

⑥ 陶瓷锦砖

⑦ 云纹大理石

图1

电视墙的材料搭配十分有层次感，彰显出古典风格精致、奢华的格调。

图2

电视墙的配色十分有层次感，充满质感的实木电视柜，让色彩基调更加沉稳。

图3

精美的雕花修饰，彰显了古典主义风格奢华贵气的格调，丰富的选材使设计感更加突出。

图4

将墙面设计成壁炉造型，颇为简化的线条，极为符合新古典风格的装饰理念。

烛台
简易烛台的造型简洁大方，材质十分有质感。
参考价格：200~300元

① 白枫木装饰线
② 布艺软包
③ 车边银镜
④ 皮革软包
⑤ 胡桃木装饰线
⑥ 强化复合木地板

图1

软包的装饰，让整个墙面呈现出柔和典雅的视觉效果，搭配白色护墙板，优美简洁，又不乏层次感。

图2

银色软包为客厅带来无与伦比的奢华感，搭配黑色实木雕花电视柜，凸显层次的同时，更加彰显了古典主义风格的奢华。

图3

两边对称的镜面，体现了古典风格设计的对称美。软包及木质线条的装饰，不仅使设计造型看起来更加丰富，也让配色更显和谐。

[实用贴士] 软包背景墙设计由哪些材质组成

（1）板材。有密度板、轧板和阻燃板。密度板的密度较好，质地光滑，所以加工起来比较方便。而轧板是由几层板材胶合而成的，比较轻。阻燃板的防火阻燃性能和环保级别都较高。

（2）面料。有PVC、PU、国外进口面料等。PVC质地硬，因此耐磨程度比较高。相对而言，PU手感较柔软。而进口面料具有许多优点，如防潮、吸湿、耐脏等。

（3）填充物。软包使用竹炭填充物后，所释放的远红外线能促进人体脑部、肩、颈的血液循环，从而提高睡眠质量；释放的负离子可以活化细胞、增强免疫力；同时还有净化空气，吸附室内的甲醛、苯等有害气体，除臭及调节湿度等功能。

装饰材料

实木顶角线

实木顶角线可根据不同的需要选用榉木、柚木、松木、椴木、杨木等。

👍 优点

因为有的建筑物层高比较高，会显得空旷，所以可在顶和墙面之间装饰一圈实木顶角线。无论是没有任何造型的直线还是带有花纹的花色角线都可以根据顶面、墙面的设计来选择。

❗ 注意

实木顶角线安装完毕之后，应根据墙面、顶面的颜色或实木顶角线自身的材料，选择涂刷清油、混油或油漆。这样做既能提升装饰效果，又能延长实木线条的使用寿命。

★ 推荐搭配

实木顶角线+平面石膏板

实木顶角线+红松木板吊顶

图1

实木顶角线的运用可以增强空间层次，在设计搭配时，可以选择与护墙板或家具相同的材质或颜色，以体现搭配的整体感。

① 实木顶角线

② 云纹大理石

③ 车边茶镜

④ 黑白根大理石

⑤ 爵士白大理石

⑥ 米白色玻化砖

水晶吸顶灯
吸顶灯的造型简洁大方，体现了水晶质地的通透与时尚。
参考价格：1800~2200元

① 装饰硬包
② 实木地板
③ 白枫木装饰线
④ 车边灰镜
⑤ 装饰银镜
⑥ 金箔壁纸

图1

白色木质线条与棕色硬包的组合搭配，让古典风格居室呈现出简洁明快的视觉感。

图2

灰镜在灯光的衬托下，令空间呈现的视觉效果更加丰富多变，电视柜描金雕花的处理，彰显了欧式家具的奢华气度。

图3

刷白处理的弯腿实木电视柜，为暖色调电视墙增添了一份明快感，与白色木饰面板形成呼应，彰显了设计搭配的用心。

图4

电视墙的设计十分加分，金箔壁纸的运用有很强的装饰效果，轻而易举地彰显出欧式风格的奢华。

吊灯
烛台式水晶吊灯,让客厅氛围显得更加浪漫。
参考价格: 1800~2400元

图1

由大量复古的花纹装饰的电视墙,呈现出饱满的视觉效果,天然石材的运用,更加彰显了古典欧式风格的大气与奢华。

图2

中花白大理石的装饰,让电视墙呈现出简洁通透的视觉效果,材质丰富的纹理也让空间更有层次感。

图3

直线线条装饰的电视墙,为古典风格居室带来一份简约明快的视觉感受,家具的饰面施以金漆,将古典主义的奢华品位贯穿其中。

图4

米色与白色让电视墙呈现出简洁明亮的视觉感,米色洞石丰富的层次与镜面彼此衬托,使质感更加突出。

① 爵士白大理石
② 中花白大理石
③ 米色网纹亚光玻化砖
④ 白色乳胶漆
⑤ 车边银镜

① 泰柚木饰面板

② 装饰灰镜

③ 布纹墙砖

④ 车边银镜

⑤ 云纹大理石

⑥ 印花壁纸

图1

大理石、镜面、木饰面板的搭配,使整个空间和谐舒适,材质质感及色彩的对比,恰到好处地润泽了视觉饱满度。

图2

大马士革图案的布纹砖让整个空间显得典雅又温馨,嵌入式壁龛有一定的收纳功能。

图3

电视墙两侧的镜面设计,完美融入墙面,中间的碎花壁纸,让电视墙看起来简洁有序,自然美观。

图4

电视墙精美的雕花造型体现了古典欧式文化的底蕴,米色云纹大理石的搭配,奢华大气。

大理石茶几
茶几的描金雕花,体现了欧式风格的奢华与贵气。
参考价格: 2200~2400元

① 装饰壁布
② 白枫木饰面板
③ 装饰硬包
④ 白色乳胶漆
⑤ 装饰茶镜
⑥ 印花壁纸

电视柜
白色电视柜搭配精美的描金雕花,增强空间的奢华感。
参考价格:1200~1800元

图1

壁布的不规则纹理是电视墙装饰的亮点,搭配白色护墙板,令整个空间富有动感又不失古典风格的格调。

图2

米黄色与白色在灯光的照耀下,明亮而大方,装饰感极强的软包,造型别致丰富,呈现出高雅的气质。

图3

以烟灰色为主色调的电视墙,两侧搭配米黄色大理石及镜面,给人带来饱满丰富的视觉感受。

图4

古典纹样的壁纸与米色大理石组合,打造出一面典雅华丽且不失层次感的墙面。

人造大理石

人造大理石是用天然大理石或花岗石的碎石为填充料，用水泥、石膏和不饱和聚酯树脂为黏剂，经搅拌成型、研磨和抛光后制成。

👍 优点

人造大理石是模仿大理石的表面纹理加工而成的，具有类似大理石的机理特点，并且花纹图案可由设计者自行控制确定。而且人造大理石抗污染，且非常容易清洁，并有较好的可加工性，能制成弧形、曲面等，施工方便。

❗ 注意

常用于家庭装修中实用的人造大理石有聚酯型人造大理石和水泥型人造大理石两种。聚酯型人造大理石最常用，其物理、化学性能最好，花纹容易设计，有重现性，适用多种用途，但价格相对较高。水泥型人造大理石最便宜，但抗腐蚀性能较差，容易出现微裂纹。

★ 推荐搭配

人造大理石+不锈钢条+木质饰面板

人造大理石立柱+乳胶漆

图1

物美价廉的人造大理石，纹理清晰，让电视墙的设计十分有层次感。

① 人造大理石

② 爵士白大理石

③ 黑胡桃木饰面板

④ 装饰银镜

⑤ 装饰硬包

⑥ 米色网纹玻化砖

① 银镜装饰线

② 米色网纹大理石

③ 浅咖啡色网纹大理石

④ 爵士白大理石

⑤ 白色板岩砖

⑥ 胡桃木饰面板

装饰花卉
色彩淡雅的花卉为空间增添了
温馨浪漫的气息。
参考价格：根据季节议价

图1

电视墙的设计层次清晰，木质线条
与室内家具保持一致，体现了设计
中协调统一的美感。

图2

在暖色灯光的照耀下，墙面大理石
所呈现的视觉效果更加奢华。

图3

爵士白大理石装饰的电视墙面，简
洁大气，黑漆木质家具经过金漆描
边，为空间增添了奢华味道。

图4

白色与棕色的搭配，明亮且不乏古
典韵味，打造出一个舒适、大气的
古典美式风格空间印象。

① 装饰硬包
② 云纹大理石
③ 有色乳胶漆
④ 木质搁板
⑤ 木质窗棂造型
⑥ 印花壁纸

图1

米色与棕色作为电视墙的主色，深浅对比，赋予空间优雅的气质，对称的设计造型呈现出平衡的美感。

图2

极富张力与表现力的云纹大理石，搭配白色实木电视柜，精美的雕花经过描金处理，显得洁净而贵气。

图3

连续的拱门造型设计是电视墙设计的亮点，深棕色木质饰面与浅色墙漆形成对比，层次分明，十分富有传统美式的格调。

图4

木质窗棂与银镜的组合，装饰层次十分丰富，壁纸的颜色很能表现出传统中式风格特有的富贵气息，使整个空间都散发着浓郁的传统文化的气息。

装饰绿植
大型阔叶绿植为客厅带来大自然的味道，同时也起到了净化空气的作用。
参考价格：根据季节议价

① 白枫木装饰线
② 印花壁纸
③ 米色网纹玻化砖
④ 白色乳胶漆
⑤ 仿古砖

图1

壁布的图案十分具有古典韵味，与白色护墙板及装饰线搭配，打造出一个简洁、朴素的空间印象。

图2

壁纸的古典图案为客厅带来低调、素雅的视觉感，实木电视柜的搭配简单，又不失古典韵味。

图3

简化的拱门造型在白色墙漆与素色壁纸的装饰下，给人以淳朴、自然的视觉感受，棕红色实木家具复古的造型，迎合了整个空间的怀旧情调。

茶几
实木茶几的纹理清晰，给整个客厅带来美好的美式情怀。
参考价格：1400~1800元

① 印花壁纸

② 米色网纹大理石

③ 车边银镜

④ 装饰银镜

⑤ 黑色烤漆玻璃

组合茶几
茶几的造型优美，外观淳朴，彰
显了欧式家具的大气时尚。
参考价格：1800~2000元

图1

灯光的搭配让客厅氛围更加温馨
舒适，米黄色大理石与镜面的搭
配，让电视墙呈现的视觉效果更加
饱满。

图2

以米色与白色为主色的空间，简约
而雅致。吊灯、电视柜、茶几等元素
的搭配，展现出现代欧式风格特有
的轻奢格调。

图3

黑镜、灰镜的搭配，对比强烈，具有
很强的视觉冲击感，令整个空间现
代、大气、奢华。

[实用贴士]

玻璃装饰电视墙有什么特点

　　玻璃装饰电视墙，能使空间显示出大气、奢华、淡雅的气质，让平面
的图案具有更丰富的层次和虚实效果。烤漆玻璃、雕花玻璃、镜面玻璃、
钢化玻璃、茶色玻璃等艺术玻璃以其水晶般的质感、灵动的空间表现力及
百变的外观，征服了众多的室内设计师，同时也赢得了不少消费者的青睐。
它的色调灵动，或华丽，或古朴，既纯净又斑斓，可深雕、可裂纹等，它
不仅能表现出不同的质感，还具有各种精美图案，让电视背景墙更加绚丽
多彩。玻璃装饰的背景墙绚丽不失清雅，生动不失精致，超凡脱俗、美轮
美奂，给人以全新的视觉感受，是奢华与艺术的结合。

装饰材料

装饰银镜

银镜是玻璃镜的一种，主要是指背面反射层为白银的玻璃镜。一般在家居中所用到的装饰银镜分为镀铝玻璃镜和镀银玻璃镜两种。

👍 优点

装饰银镜在家居中既有功能性又有装饰性。使用装饰银镜来美化居室，能使居室在视觉上更加美观舒适。为了使墙面装饰更富有立体感，还可对镜面进行深加工，如磨边、喷砂、雕刻，用镶、拼等手法加以装饰。在光照的折射下，会使整个居室如同"水晶宫"般透亮。

❗ 注意

无论客厅的面积多大，都不适合大面积使用装饰银镜，因为银镜的反射效果强烈，会产生影像重叠，使人感到杂乱。

★ 推荐搭配

装饰银镜+木质装饰线+陶瓷锦砖

装饰银镜+不锈钢条+大理石

装饰银镜+木质装饰线+木质饰面板

图1

装饰银镜让空间显得更加宽敞、明亮，再通过灯光的衬托，充分利用光影效果，让客厅设计层次更加丰富。

① 装饰银镜

② 陶瓷锦砖

③ 绯红网纹大理石

④ 米色抛光墙砖

⑤ 有色乳胶漆

⑥ 红樱桃木饰面板

奢华型客厅装饰材料

奢华风格的客厅中，石材与木材的构造主要以柱式、拱券、浮雕等造型为主，装饰效果追求形体变化的层次感。壁纸、布艺等元素的色彩也十分华丽，以彰显一种奢华、大气的品位。

水晶吊灯
水晶吊灯的造型精致，营造出一种神秘而华丽的空间氛围。
参考价格：1800~2000元

① 车边茶镜

② 米白色人造大理石

③ 米白色玻化砖

④ 黑白根大理石

⑤ 云纹大理石

⑥ 米色网纹大理石罗马柱

⑦ 欧式花边地毯

① 印花壁纸
② 米色网纹玻化砖
③ 木纹大理石
④ 欧式花边地毯
⑤ 白枫木饰面板
⑥ 米白色洞石

装饰画
装饰画的色调淡雅，为奢华的空间注入一份清爽感。
参考价格：200~300元

图1

水晶吊灯的暖色灯光为客厅渲染出温暖、舒适的氛围，层叠的复杂造型，彰显了欧式古典灯饰奢华大气的特点。

图2

灰色+白色的沙发，给人带来视觉上的明快感，实木框架的复杂雕花则体现出古典风格家具的精致。

图3

墨绿色布艺沙发是客厅装饰的亮点，宽大的造型给人带来极为舒适的体验感，营造出一种内敛奢华的氛围。

图4

电视柜与大型花瓶的选色成为客厅配色中最突出的点缀，打破了沉稳的色彩基调，带来一份奢华感。

① 黑色烤漆玻璃
② 米色网纹大理石
③ 艺术地毯
④ 车边银镜
⑤ 皮革软包
⑥ 欧式花边地毯

图1

客厅的整体配色十分素净，深浅对比和谐明快，复古造型的家具彰显了古典风格的传统美感。

图2

以金棕色、白色为主色的家具，无论是精美的雕花，亦或是纤细弯曲的尖腿造型，都彰显了古典欧式风格繁复奢华的理念。

[**实用贴士**]

如何设计欧式客厅

　　欧式装修强调以华丽的装饰、浓烈的色彩、精美的造型来达到雍容华贵的装饰效果。欧式客厅顶部偏爱运用大型灯池，并用华丽的枝形吊灯营造气氛。门窗上半部多做成圆弧形，并用带有花纹的石膏线勾边。入厅口处多竖起两根豪华的罗马柱，室内则有真正的壁炉或假的壁炉造型。墙面选用壁纸，或选用优质乳胶漆，以烘托豪华效果。地面材料以石材或地板为佳。欧式客厅非常需要用家具和软装饰来营造整体效果。深色的橡木或枫木家具，色彩鲜艳的布艺沙发，都是欧式客厅里的主角。还有浪漫的罗马帘，精美的油画，制作精良的雕塑工艺品，都是点染欧式风格不可缺少的元素。但需要注意的是，这类风格的装修，在面积较大的房间内才会达到更好的效果。

皮质沙发
卷边造型的皮质沙发，塑造了现代欧式风格简约大气的特点。
参考价格：2500~2800元

贵妃榻
贵妃榻的线条优美，木质雕花精湛，展现了欧式风格的奢靡。
参考价格：1800~2200元

① 白色乳胶漆

② 仿古砖

③ 中花白大理石

④ 车边银镜

⑤ 有色乳胶漆

⑥ 米色网纹亚光地砖

台灯
米白色的羊皮纸台灯,让灯光更
加柔和温馨。
参考价格: 500~800元

① 米黄色大理石
② 浅咖啡色网纹大理石
③ 欧式花边地毯
④ 雪弗板雕花贴清玻璃
⑤ 印花壁纸
⑥ 装饰银镜

图1

布艺窗帘的颜色是客厅中亮眼的点缀，为色调沉稳的空间带来一份难得的清爽。

图2

花纹复杂的地毯，为客厅增添了唯美而精致的视觉效果，搭配布艺饰面的沙发与实木茶几，令空间更具有层次感。

图3

实木家具、布艺沙发、装饰画、灯饰等元素的精心搭配，使整个空间极具欧式古典风格的华美与风情。

图4

整个客厅以浅咖啡色为主，大理石、壁纸、地毯丰富的纹理，呈现的视觉效果极佳。

布艺沙发
欧式布艺沙发，颜色及花纹淡雅，给人带来舒适感。
参考价格：1800~2000元

布艺沙发
淡紫色的布艺饰面搭配金色扶手,让客厅更显温馨奢华。
参考价格: 3000~3600元

图1

紫色布艺沙发的运用,让以浅色调为主体色的客厅看起来更有层次感,为客厅注入一份奢华与浪漫。

图2

金色与黄色彰显了古典风格家居奢华贵气的格调。白色布艺沙发及蓝色花边地毯的装饰效果突出,加强了空间层次感的同时,也使整个客厅的氛围从容而又大方。

图3

整体以浅色为背景色,深棕色布艺沙发让客厅的基调更加稳重,也增添了一份古典风格的厚重美感。

图4

客厅中的家具十分富有质感,银漆饰面为空间注入无限的奢华感,灯光的组合运用,使空间格调更加华丽。

① 印花壁纸
② 雪弗板雕花
③ 装饰银镜
④ 欧式花边地毯
⑤ 装饰硬包
⑥ 米色抛光地砖

吊灯
方形灯罩搭配金属支架，让吊灯的造型别致又不失奢华。
参考价格：1800~2200元

图1

整个客厅以浅色为主，白色实木家具与素雅的地毯相互衬托，让客厅氛围更加放松。

图2

米色调的客厅，彰显了传统风格低调优美的特质，白色电视柜与蓝色长凳的点缀，为传统空间增添了一份明快感。

图3

金色、紫红色、米黄色、浅棕色等色彩的搭配，让整个客厅的氛围显得格外华丽。

图4

蓝色与黄色的点缀，为客厅增添了一份华丽感，古典的纹样凸显了传统文化的底蕴。

① 米色人造大理石
② 米黄色网纹大理石
③ 米色网纹玻化砖
④ 茶镜装饰线
⑤ 白色玻化砖
⑥ 印花壁纸

石膏板雕花

石膏的可塑性是任何一种装饰材料都无法媲美的。无论是多么复杂的装饰图案都能完美地实现。

👍 优点

石膏板雕花装饰吊顶是一种在欧式风格中比较常见的装饰材料。与传统纸面石膏板的原材料相同，表面雕花通过以欧式古典图案与现代工艺相结合的设计手法来实现，具有很强的装饰效果，能够很好地展现出欧式风格家居的轻奢与精致。

❗ 注意

石膏板雕花一般用塑料膨胀螺钉固定。在石膏板上预先留几个孔，在相应安装位置处也钻几个孔，在钻孔中塞入塑料膨胀管。将石膏板的背面抹上一层石膏浆或水泥浆，就位对孔，再用木螺钉穿过石膏板的预留孔，拧入塑料膨胀管内，拧紧并检查无误后，在螺钉帽处用同色石膏填嵌。螺钉不宜拧得过紧，以免损坏石膏板。

★ 推荐搭配

石膏板雕花+平面石膏板

石膏板雕花+金箔壁纸

图1

利用石膏板雕花来装饰顶面，精致复杂的雕花图案可以让顶面的设计更加丰富。

① 石膏板雕花

② 中花白大理石

③ 黑金花大理石

④ 米黄色亚光玻化砖

⑤ 金箔壁纸

⑥ 车边茶镜

① 印花壁纸

② 米黄色网纹玻化砖

③ 白色乳胶漆

④ 米色亚光墙砖

⑤ 有色乳胶漆

⑥ 仿古砖

实木弯腿茶几
实木茶几的弯腿造型，以及精美的雕花与优美的造型，彰显了欧式风格家具的奢华与贵气。
参考价格：1600~1800元

图1

跌级造型的石膏板吊顶在金色壁纸及灯光的承托下，显得层次更加丰富，对称的造型呈现出奢华大气的视觉效果。

图2

客厅中灯饰的运用，营造出一个神秘又华丽的空间，台灯的水晶吊锤和金属灯架完美搭配，熠熠生辉，呈现出奢华大气的美感。

图3

镜面及雕花玻璃的运用，让整个客厅看起来更加宽敞明亮，白色家具让整个空间看起来更整洁干净。

图4

客厅顶面的跌级石膏板造型设计得十分别致，大气的造型搭配暖色灯带，明快而温馨。

① 米白色玻化砖
② 米黄色网纹大理石
③ 黑白根大理石波打线
④ 雕花玻璃
⑤ 皮纹砖

皮质单人沙发
皮质单人沙发的造型简洁大方，展现了现代欧式的简约大气。
参考价格：600~8000元

① 艺术墙砖

② 陶瓷锦砖拼花波打线

③ 装饰硬包

④ 黑白根大理石波打线

⑤ 米白色大理石

⑥ 米色大理石

台灯
台灯的木质框架，彰显了中式灯具的古朴韵味。
参考价格：600~800元

图1

电视墙是整个客厅中的设计亮点，定制墙砖的牡丹图案象征着富贵，彰显出传统中式风格特有的华丽与贵气。

图2

水晶吊灯是客厅装饰的亮点，复杂的造型看起来十分精致，彰显了欧式风格灯饰的华丽与大气。

图3

整个客厅以白色为主色，布艺抱枕、沙发椅及双色实木茶几等软装元素的搭配运用，营造出一个洁净舒适的客厅空间。

图4

以米色与白色为主色调，让空间优雅而舒适，宽大的布艺沙发以及白色实木电视柜，都从细节处流露着美感，展现出浓浓的古典主义气质。

① 铁锈黄大理石

② 米色网纹玻化砖

③ 米白色网纹大理石

④ 中花白大理石

⑤ 红樱桃木饰面板

⑥ 装饰硬包

壁灯
壁灯的设计造型优美，米白色灯罩让光线更加柔和。
参考价格：400~600元

仿古砖

仿古砖是一种上釉瓷质砖，通过样式、颜色、图案来营造出怀旧的效果，展现出岁月的沧桑和历史的厚重感。

👍 优点

仿古砖仿造以往的样式做旧，用带着古典的独特韵味吸引人们的目光。为体现岁月的沧桑、历史的厚重，仿古砖通过样式、颜色、图案营造出怀旧的氛围，色调以黄色、咖啡色、暗红色、灰色、灰黑色等为主。

❗ 注意

仿古砖的硬度直接影响着仿古砖的使用寿命，可以通过敲击听声的方法来鉴别。声音清脆的表明内在质量好，不易变形破碎，即使用硬物划一下砖的釉面也不会留下痕迹。

★ 推荐搭配

仿古砖+陶瓷锦砖

仿古砖+地毯

图1

仿古砖沉稳的色彩及凹凸的质感，让空间充满质朴和粗犷的味道。

① 胡桃木饰面板

② 仿古砖

③ 米色网纹墙砖

④ 米色网纹亚光地砖

⑤ 金箔壁纸

⑥ 米色网纹大理石

⑦ 深咖啡色网纹大理石

图1

华丽的灯饰营造出一个浪漫的空间，吊灯以铜质骨架和水晶珠帘搭配，给空间带来柔美的视感，暖色的灯光温暖了整个空间的氛围。

图2

现代中式风格空间采用了简洁、硬朗的直线条，既迎合了中式家具追求内敛、质朴的设计特点，又满足了现代人追求简单生活的理念。

图3

以无彩色系为配色的美式风格客厅，灰白色布艺沙发、黑色木质家具两者的完美对比，更显空间的洁净感。

图4

灯饰、家具、布艺、饰品，客厅中的所有元素都流露出古典风格奢美华丽的格调。

吊灯
金色灯架搭配白色玻璃灯罩，更显古朴雅致。
参考价格：1800~2200元

---

① 装饰硬包

② 米色玻化砖

③ 中花白大理石

④ 艺术地毯

⑤ 白枫木饰面板

⑥ 布艺软包

① 米白色人造大理石

② 装饰硬包

③ 白枫木装饰线

④ 密度板拓缝

⑤ 印花壁纸

⑥ 白色板岩砖

装饰画
三联装饰画的色彩浓郁, 为空间
带来清新自然的视觉感受。
参考价格: 2000~2200元

① 车边银镜

② 米色抛光墙砖

③ 装饰硬包

④ 爵士白大理石

⑤ 金箔壁纸

⑥ 木纹大理石

皮质单人沙发
墨绿色皮质单人沙发椅，复古的
造型，带来了一份怀旧情怀。
参考价格：800~1200元

图1

镜面装饰的电视墙，为古典风格居室增添了明亮通透的美感。

图2

在以米色调为背景色的客厅中，黑漆饰面家具的运用，很好地突出了色彩的层次感，银色线条的修饰，彰显出古典风格家具的奢华气度。

图3

美式风格客厅中清雅内敛的配色给人带来舒适怀旧的视觉感受。家具及饰品的搭配，更加彰显了美式风格从容大气的格调。

图4

金箔壁纸装饰的客厅吊顶，奢美华丽，与家具中的金色线条形成上下呼应，突出了客厅搭配的层次感。

① 茶色烤漆玻璃
② 米色亚光玻化砖
③ 白枫木饰面板
④ 艺术地毯
⑤ 米色人造大理石
⑥ 镜面锦砖拼花

图1

客厅整体低调奢华，墙面采用米色大理石、镜面及壁纸作为装饰，展现出欧式风格的奢华气度。

图2

精美的雕花图案经过描金等处理，细节处体现了古典家具的品质，彰显了精致、唯美、华丽的风格特质。

图3

米黄色与金色营造出奢华的客厅氛围，为客厅带来华丽饱满的视觉感受。

图4

客厅中采用大量的复古图案作为装饰，为空间带来了强烈的视觉冲击感，搭配精心设计的灯饰，整个空间更显华丽。

单人座椅
实木框架搭配碎花布艺饰面，十分富有田园意味。
参考价格：500~800元

① 印花壁纸

② 米黄色大理石

③ 车边银镜

④ 米白色网纹大理石

⑤ 装饰硬包

⑥ 云纹大理石

贵妃榻
皮质饰面搭配实木支架，再通过精美的描银雕花进行修饰，更加突出了欧式家具的奢华大气。
参考价格：1200~1400元

[实用贴士] **欧式客厅装饰有哪些技巧**

（1）配色：欧式风格的底色大多采用白色、淡色为主，家具选择白色或深色都可以，讲究系列、风格统一。

（2）壁纸：可以选择一些比较有特色的壁纸装饰房间，如画有欧洲故事以及人物等内容的壁纸就是很典型的欧式风格。

（3）灯具：可以是一些外形线条柔和或者光线柔和的灯，如铁艺枝灯就是不错的选择。

（4）家具：与硬装修上的欧式细节应相称，宜选择深色、带有西方复古图案以及西化的造型家具。

（5）地板：如果是复式的空间，一楼大厅的地板可以采用石材进行铺设，这样会显得大气。如果是平层居室，客厅最好铺设木质地板。

（6）地毯：地毯的舒适脚感和典雅的独特质地与西式家具的搭配会相得益彰。最好选择图案和色彩相对淡雅的地毯，过于花哨的地面会与欧式古典的宁静、和谐相冲突。

（7）装饰画：欧式风格装修的房间应选用线条繁琐，看上去比较厚重的画框，也不排斥描金、雕花工艺。

图1

客厅灯饰的搭配打造出一个时尚又华丽的空间氛围，借助灯光的衬托，使家具及饰品的质感更加突出。

图2

石材丰富的纹理及温润的色泽与镜面光亮的饰面完美融合，让整个客厅的硬装部分看起来极富质感与通透感。

图3

蓝色绒布饰面的沙发带来高贵与沉静的视觉感受，在浅灰色的陪衬下，更显安逸。沙发墙面的梅花图案，十分富有中式韵味，极好地打造出一个富有混搭韵味的客厅空间。

① 装饰壁布

② 木质格栅

③ 米黄色洞石

④ 石膏装饰浮雕

⑤ 装饰硬包

⑥ 布艺软包

⑦ 米黄色网纹玻化砖

实木鼓凳
实木鼓凳工艺精湛，色泽红润，
彰显古典中式奢华的韵味。
参考价格：2000~2200元

① 皮革软包

② 艺术地毯

③ 白枫木饰面板

④ 棕色网纹大理石

皮质沙发

卷边皮质沙发的造型简洁大气，色彩华丽，彰显了古典欧式风格家具的特点。

参考价格：3000~3800元

图1

卷草图案壁纸的色调十分素雅，深色实木家具和皮质沙发一起为居室奠定了古朴奢华的基调。

图2

客厅以白色+黑色为主色，营造出一个简洁明快的空间氛围，沙发墙面的绿色印花壁纸，为空间增添了一份清爽自然的视觉感。

图3

客厅的整体基调给人舒适、放松的视觉感受，家具的金色描边高贵而精致，展现出古典风格雅致的视感。

图4

以大地色系为客厅的主角色，镜面及白色护墙板的运用，缓解了大地色的沉闷感，令空间看起来宽敞明亮。家具边框的金色描边修饰，彰显了极具古典风格的精奢品位。

吊灯
设计造型复杂奢华的水晶吊灯，
为空间增添了梦幻般的感觉。
参考价格: 2000~2800元

图1

金色壁纸与水晶吊灯的完美搭配，
为空间带来了强烈的视觉冲击感，
使整个客厅都笼罩在一片金碧辉煌
之中。

图2

暖色灯光搭配米色壁纸，使整个空
间的背景色十分有包容性，与深色
家具完美搭配，打造出一个低调奢
华的客厅空间。

图3

深紫色沙发令空间充满华丽的色
彩，搭配白色、金色、浅棕色，整
个空间显得色彩层次明快，复古
而奢华。

图4

米黄色大理石的运用，使整个客厅
显得十分华丽大气，搭配深色实木
家具，让配色更有层次感。

① 金箔壁纸
② 米黄色大理石
③ 黑胡桃木装饰线
④ 印花壁纸
⑤ 皮革软包

① 印花壁纸
② 欧式花边地毯
③ 米黄色网纹大理石
④ 装饰硬包
⑤ 胡桃木饰面板
⑥ 实木雕花

烛台
铜质烛台的精美造型，展现了古典欧式风格的奢华与大气。
参考价格：200~400元

装饰材料

金属砖

金属砖的原料是铝塑板、不锈钢等含有大量金属的材料,可呈现出拉丝及亮面两种不同的金属效果。

👍 优点

金属砖其冷冽的色感能充分彰显家庭装修的高贵感。另外,金属砖拼接款式多样,不仅有单纯的金属砖拼接,还可以与其他材料拼接出个性独特的装饰效果。

❗ 注意

在挑选金属砖时,首先应观察金属砖的釉面是否均匀,光泽釉应晶莹亮泽,无光釉则应柔和。如果表面有颗粒且颜色深浅不一、厚薄不匀甚至凹凸不平,呈云絮状,则为下品。其次可将几块金属砖拼放在一起,在光线下仔细察看,好的产品色差很小,产品之间色调基本一致。而差的产品色差较大,产品之间色调深浅不一。最后检测金属砖的硬度,可试敲金属砖表面,声音越清脆其硬度越高、越耐磨。

★ 推荐搭配

金属砖+不锈钢条+壁纸

金属砖+木质装饰线+硅藻泥

图1

金属砖十分富有质感,使电视墙呈现出奢华、大气的视觉感受。

① 金属砖

② 印花壁纸

③ 石膏浮雕装饰线

④ 车边银镜

⑤ 米色网纹玻化砖

⑥ 米黄色洞石

① 云纹大理石
② 印花壁纸
③ 欧式花边地毯
④ 肌理壁纸

台灯
全铜支架台灯，简约的造型，展现低调奢华的品质。
参考价格：800~1200元

图1

云纹大理石丰富的纹理中透着一抹草绿，为古典风格的客厅空间带来一丝自然的气息。

图2

宽敞大气的客厅空间，精美娇艳的花卉，优雅独特。精致华丽的灯饰，让空间氛围更显温馨。精雕细琢的古典家具，加强了空间的奢华气度。

图3

宽敞而精细的纯色护墙板搭配米黄色印花壁纸，烘托出咖啡色布艺沙发的精致与舒适，展现出欧式风格精致细腻的品位。

图4

客厅家具色彩的鲜明对比，活跃了空间基调，金色元素的点缀，增添了一份华丽而高贵的视觉感受。

① 米色洞石

② 白枫木饰面板

③ 金箔壁纸

④ 水晶装饰珠帘

⑤ 米色网纹大理石

⑥ 胡桃木窗棂造型贴银镜

⑦ 中花白大理石

布艺沙发
浅棕色布艺沙发，柔软舒适，让
客厅显得沉稳安逸。
参考价格：2000~2200元

① 印花壁纸
② 米黄色网纹大理石
③ 欧式花边地毯
④ 石膏板拓缝
⑤ 雪弗板雕花
⑥ 米黄色玻化砖

台灯
金属鳞片式的台灯底座，十分个性，搭配造型复古的灯罩，成为客厅最亮眼的装饰。
参考价格：400~600元

图1

客厅的对称式设计为空间带来了平衡的美感，大地色系的配色，彰显了古典风格沉稳低调的美感。

图2

客厅中棕色布艺沙发搭配白色木质家具，明快的对比感，很好地缓解了以米色为背景色所带来的单一感。

图3

客厅中沙发、木质家具、灯饰及花边地毯，无一不彰显着古典风格的奢华与贵气。大马士革图案的素色壁纸更是让空间的整体氛围更温馨、柔美。

[实用贴士]　　**如何选择客厅壁纸**

（1）如果客厅显得空旷或者格局较为单一，壁纸可以选择明亮的暖色调，可搭配大花朵图案铺满客厅墙面。因为暖色可以起到拉近空间距离的作用，而大花朵图案的整墙铺贴，可以营造出花团锦簇的视觉效果。

（2）对于面积较小的客厅，使用冷色调的壁纸会使空间看起来更大一些。此外，使用一些带有小碎花图案较浅的暖色调壁纸，也能达到这种效果。中间色系的壁纸加上点缀性的暖色调小碎花，通过图案的色彩对比，也会巧妙地吸引人们的视线，在不知不觉中从视觉上扩大原本狭小的空间。

① 装饰银镜
② 仿古砖
③ 木纹大理石
④ 米色网纹玻化砖
⑤ 车边银镜
⑥ 米黄色网纹大理石

装饰绿植
采用阔叶绿植作为装饰，为客厅
增添了无限生机。
参考价格：根据季节议价

图1

大量的木质元素结合卷草图案壁
纸的设计，充分体现出古典风格低
调且贵气的特点。

图2

深棕色元素的运用，有效地缓解了
白色与银色给空间带来的冷意，让
客厅的整体氛围更加和谐。

图3

深色家具的运用，增强了客厅空间
的稳重感，暖色灯光的调和，使整
体氛围更放松舒适。

图4

米黄大理石、白色实木电视柜、深
色布艺沙发、华丽的水晶吊灯等元
素，充分体现出古典欧式风格的奢
华与精致。

① 有色乳胶漆
② 木质搁板
③ 米色人造大理石
④ 石膏装饰线
⑤ 皮革软包

图1

大地色系让美式风格客厅呈现低调奢华的气质。电视墙对称的马蹄式拱门造型，极具吸引力，彰显了古典美式居室平衡而厚重的美感。

图2

奢华的古典美式风格，整体空间色彩比较厚重，深棕色皮质沙发极富质感，传统的欧式油画配以金色画框，极尽华丽。

图3

金色、米色、银色、白色组合搭配的客厅空间，尽显奢华贵气，一抹明艳的玫红色点缀其中，为新古典风格客厅带来一丝魅惑之感。

图4

素色的客厅中，白色家具让整个氛围更显洁净，优美的线条与精美的雕花，尽显古典家具的精致品位。

沙发坐墩
皮质沙发坐墩极富质感与复古情调。
参考价格：800~1200元

① 彩色釉面墙砖

② 白枫木装饰线

③ 米黄色大理石

④ 胡桃木窗棂造型

⑤ 米白色亚光地砖

⑥ 云纹大理石

实木单人座椅
造型简洁的实木座椅与色彩淡雅的布艺相搭配,为中式风格空间增添了一份清新之感。
参考价格:800~1000元

图1

釉面砖、木线条与大理石为电视墙装饰材料,让墙面设计更有质感与层次感。

图2

客厅中所有家具都经过描金处理,呈现的视觉效果十分奢华。

图3

纯实木家具彰显了中式风格的传统美感与贵气,令整个空间的古典韵味更加浓郁。

图4

大气磅礴的顶面设计造型搭配欧式吊灯,成为客厅设计中的亮点。米色调石材与皮质沙发形成色彩上的呼应,整个空间极具欧式古典风格的华美与大气。

① 米色大理石
② 深咖啡色网纹大理石
③ 有色乳胶漆
④ 米色网纹玻化砖

台灯
手工玻璃台灯为古典风格家居
带来一份通透的美感。
参考价格：500~700元

图1

紫色绒布饰面沙发，设计线条优美
流畅，搭配金色木质框架，更能彰
显古典风格居室华丽大气的美感。

图2

客厅给人的第一感觉是整洁而雅
致，深色家具在银色线条的修饰
下，带来一份明快而又奢华的美
感。造型别致的墙饰是装饰亮点，
完美地诠释了现代设计的风采。

图3

黑色茶几的金色镶边与沙发框架的
精美雕花，无一不从细节中体现出
古典风格家具精致奢华的美感。

图4

银色、白色、米色打造出一个清新
雅致的空间氛围。花边地毯精美的
图案及深浅颜色的对比，丰富了色
彩装饰的层次。

装饰材料

欧式花边地毯

  欧式花边地毯是混纺羊毛地毯,是将各种材质的布料混合而成的地毯,这种材质的地毯耐磨性要比纯毛地毯高很多。

👍 优点

  欧式花边地毯的图案多以大型花朵、植物为主,色彩鲜艳,选择性较多。欧式花边地毯在使用上不同于其他风格的地毯,它可以当作饰品悬挂在墙面上,还可以大面积地使用,甚至可以将整个房间的地面都用地毯来装饰,这样可增添空间的舒适感。

❗ 注意

  选购欧式花边地毯时要仔细观察地毯的整体构图,图案的线条要圆润、清晰,颜色之间的轮廓要鲜明。优质的地毯毯面平整,线头十分紧致,没有明显的缺陷。可以在地毯的质检报告上查看地毯的道数和打结的数量来判断地毯的精美程度。地毯的道数越多打结数越多,图案也就会越精美。

★ 推荐搭配

  欧式花边地毯+仿古砖

  欧式花边地毯+米黄色网纹玻化砖

图1

地毯让客厅地面的触感更加温和,丰富的图案让装饰效果更佳。

① 红砖

② 欧式花边地毯

③ 米色人造大理石

④ 印花壁纸

⑤ 浅咖啡色网纹大理石

壁灯
中式仿古壁灯，造型古朴雅致，为空间营造出传统风格的雅致感。
参考价格：600~800元

① 胡桃木装饰线
② 米黄色网纹大理石
③ 米色网纹抛光墙砖
④ 印花壁纸

图1

利落的直线四方吊顶，框正了空间方正大气的格局。木质与布艺搭配的空间，既有传统中式的东方神韵，又融合了现代的简约气质。

图2

跌级石膏板吊顶的造型复古，与电视墙、沙发墙的造型形成呼应，彰显出古典欧式风格家居的奢华味道。

图3

客厅空间的配色沉稳且带有柔和的美感，呈现出十分饱满的视觉效果。宽大的布艺沙发与黑漆木质家具，奢华大气。

图4

白色护墙板、装饰线及家具的运用，为客厅带来一份洁净明快的视感，让客厅的整体氛围华丽且不失清雅之感。

① 白枫木装饰线

② 米白色网纹玻化砖

③ 米黄色大理石

④ 印花壁纸

⑤ 白枫木饰面板

⑥ 米色网纹玻化砖

弯腿实木边几
弯腿造型，结实稳固，线条优
美，由纯实木打造。
参考价格：1200~1800元

[实用贴士]

如何检验壁纸的铺贴质量

查看壁纸是否粘贴牢固，表面色泽要一致，不得有气泡、空鼓、裂缝、翘边、皱褶和斑污，从侧面看时无胶痕。墙纸表面要平整，无波纹起伏，墙纸与挂镜线、饰面板和踢脚线紧接，不得有缝隙。如果有拼接要求，那么各幅拼接要横平竖直，拼接处花纹、图案要吻合，不离缝、不搭接。在距墙面 1.5m 处正视，无明显拼缝。阴阳转角垂直，棱角分明，阴角处搭接顺光，阳角处没有接缝。墙纸边缘平直整齐，不得有纸毛、飞刺，不得有漏贴和脱层等缺陷。

① 白枫木装饰线
② 欧式花边地毯
③ 中花白大理石
④ 云纹大理石
⑤ 装饰硬包
⑥ 印花壁纸
⑦ 米白色玻化砖

图1

以温馨的米黄色作为空间的背景色，营造出舒适的氛围。电视柜、花艺、灯饰让空间细节更加丰富。

图2

灯光的衬托让壁纸、墙漆与白色装饰线的对比更加明快，也让家具及配饰更有质感。

图3

卷草图案的浅棕色布艺沙发是整个客厅装饰的主角，实木框架的曲线造型体现了古典家具的柔美与精致，采用银漆进行修饰，营造出熠熠生辉的视觉效果。

图4

金漆描边的木质家具，线条优美，彰显古典欧式风格家具奢华柔美的格调，家具的色彩与客厅整体色调协调，并与壁纸的颜色形成呼应。

① 白枫木装饰线
② 仿古砖
③ 印花壁纸
④ 陶瓷锦砖
⑤ 车边银镜
⑥ 装饰硬包

① 深咖啡色网纹大理石

② 米色玻化砖

③ 车边银镜

④ 装饰硬包

⑤ 白枫木窗棂造型

⑥ 米黄色网纹大理石

单人沙发座椅
沙发椅的实木框架搭配墨绿色
布艺饰面，简洁舒适。
参考价格：400~600元

台灯

烛台式的台灯造型，新颖别致，体现出欧式的优雅。

参考价格：600~800元

① 浅咖啡色网纹大理石

② 米白色亚光地砖

③ 车边银镜

④ 金箔壁纸

⑤ 米黄色网纹大理石

图1

以米色为背景色，营造出一个温馨舒适的氛围，灰色调的沙发融入其中，为古典风格家居带来一份文艺格调。

图2

充分利用浅色的包容性，不仅可以中和深色家具带来的沉闷感，还凸显了沙发的质感，让空间更有品质。

图3

米黄色与白色的搭配，呈现的视觉效果极度舒适，彰显出古典欧式风格优雅而高贵的格调。

图4

顶面的金箔壁纸与灯光搭配，高贵而雅致，展现出奢华的视觉感；米白色沙发搭配深色茶几与电视柜，使整个空间的色彩氛围更加和谐。

① 车边灰镜
② 装饰硬包
③ 米色大理石
④ 艺术墙砖
⑤ 雕花银镜

图1

以银色与白色为主色调的客厅，呈现出新古典主义风格的轻奢美感，茶几和边几灰色漆面的点缀，为空间增添了一份轻柔、浪漫的感觉。

图2

客厅的整体搭配显得内敛低调，家具中的银色雕花边框，凸显了古典家具奢华的特质，也在色彩上形成冷暖对比的视感。

图3

以暗暖色为主的客厅，低调沉稳，将古典美式的特点彰显得淋漓尽致，精美的水晶吊灯、闪亮的银色烛台都是客厅中较为亮眼的点缀，极富质感与高雅的格调。

图4

皮质沙发为客厅呈现了高端的质感与高雅的格调，让整个客厅空间都流露出奢美感。

① 印花壁纸

② 云纹大理石

③ 米色玻化砖

④ 皮革软包

实木边几
弯腿木质茶几的刷白处理，为奢华的欧式风格空间注入一份清新淡雅的气息。
参考价格：600~800元

图1

米色布艺沙发，柔软舒适，给人以柔和、放松的感受，白色弯腿家具为空间带来一份洁净的视感。

图2

青灰色石材为古典主义风格客厅增添了一份清新文艺的视觉感。华丽的灯饰、柔软的布艺沙发、线条优美的实木家具，从细节处体现了家居搭配的用心与品质。

图3

以米色与白色为主色，营造出一个洁净而温馨的空间氛围。油画和花艺将空间的色彩调动起来，让配色更有层次。

图4

米白色皮质沙发及电视柜，为古典风格客厅带来简约纯净的美感。

① 黑白根大理石

② 陶瓷锦砖

③ 浅咖啡色网纹大理石

④ 米色人造大理石

⑤ 车边茶镜

⑥ 米白色网纹大理石

矮柜式电视柜
实木电视柜的金色雕花，彰显了
欧式风格奢华贵气的特点。
参考价格: 1600~1800元

① 车边银镜
② 米色大理石
③ 装饰硬包
④ 深咖啡色网纹大理石波打线
⑤ 仿古砖
⑥ 条纹壁纸

[实用贴士]

施工时如何处理墙面壁纸起皱

起皱是最影响裱贴效果的，其原因除壁纸质量不好外，主要是由于出现褶皱时没有顺平就赶压刮平所致。施工中要用手将壁纸舒展平整后才可赶压，出现褶皱时，必须将壁纸轻轻揭起，再慢慢推平，待褶皱消失后再赶压平整。如果出现死褶，壁纸未干时可揭起重贴，如已干则撕下壁纸，基层加以处理后重新裱贴。

① 爵士白大理石

② 米黄色网纹大理石

③ 雕花银镜

④ 印花壁纸

⑤ 皮革软包

图1

白色石材搭配古典图案壁纸，电视墙给人干净、雅致的视感，黑色实木电视柜的加入，瞬间将古典风格的奢华气质融入其中。

图2

以白色与米色为主色的客厅，温馨而雅致，金色元素的点缀，让客厅淡雅中流露出一丝奢华气度。

图3

顶面的跌级石膏板造型与精美的浮雕搭配，在灯光的衬托下为客厅带来了复古而奢华的视觉感受。

图4

电视墙面软包的颜色与布艺沙发保持一致，体现了空间搭配的协调统一，整体色彩氛围更有层次感。

皮质坐墩
长方形皮质坐墩，简洁大方，增添了待客空间的舒适度。
参考价格：800~1000元

① 米黄色大理石

② 金箔壁纸

③ 米黄色玻化砖

④ 装饰硬包

⑤ 雕花银镜

图1

大马士革图案的金箔壁纸装饰沙发墙，彰显奢华与华贵，结合古典风格的家具，令客厅空间的气质与风韵更加迷人。

图2

棕色作为布艺沙发的用色，实木与布艺的结合，十分富有质感，温馨的色调营造了一份雅致与恬适之感。

图3

素雅的灰色与蓝色的搭配让空间显得优雅大气。柔软的布艺沙发增强了空间的舒适度，灯饰、装饰画、花艺、地毯，不同材质及色彩的融合与互补，使空间呈现出饱满的视觉感。

图4

客厅空间的布艺装饰十分饱满，窗帘、抱枕、沙发、地毯，增强了搭配的柔和感，令客厅的氛围更显舒适。

陶质木纹砖

陶质木纹砖的硬度相比其他木纹砖要低,表面经过抛光处理,色泽光亮,色彩丰富,纹理比较平滑,防滑效果比较差,因此更多情况下被用于墙面的装饰使用。

👍 **优点**

陶质木纹砖的仿木纹纹理和抛光砖比起来装饰效果更好。只是触感上不如木材温润,但还是具有一定的温度感。因此喜欢温暖格调却没有太多时间打理居室的家庭可以选择木纹砖代替木材来装饰墙面。它既有木材的温馨和舒适感,又比木材更容易打理,并且其尺寸规格也非常多,可以按照自己的喜好进行拼贴。

❗ **注意**

陶质木纹砖与木材一样,单块的色彩和纹理不能保证与大面积拼贴的效果一致,因此在选购时,可以先远距离观看产品有多少面是不重复的,而后将选定的产品大面积摆放在一起,感受一下铺贴效果是否符合自己的预想,再进行购买。

⭐ **推荐搭配**

陶质木纹砖+装饰银镜+木质装饰线

图1

选用木纹砖装饰电视墙,光滑的表面让墙面呈现的视觉效果更有层次,更加饱满。

① 装饰银镜
② 陶质木纹砖
③ 木质装饰线描金
④ 雕花银镜
⑤ 欧式花边地毯
⑥ 车边银镜

① 装饰硬包

② 装饰银镜

③ 米色人造大理石

④ 印花壁纸

⑤ 米白色网纹大理石

⑥ 彩色硅藻泥

柱腿式电视柜
柱腿式电视柜，结实又具有很好
的装饰效果。
参考价格：1000~1200元

① 黑白根大理石

② 中花白大理石

③ 装饰茶镜

④ 米黄色网纹大理石

⑤ 车边灰镜

⑥ 印花壁纸

⑦ 黑白根大理石波打线

布艺坐墩
方形布艺坐墩，实木支架造型简洁，布艺饰面更加柔软舒适。
参考价格：400~600元

奢华型餐厅装饰材料

将不同风格中的优质材料元素汇集融合，以舒适为导向，强调奢华大气，是奢华型餐厅选材的基本原则。

① 印花壁纸
② 磨砂玻璃
③ 有色乳胶漆
④ 胡桃木饰面板
⑤ 亚光地砖
⑥ 米色玻化砖

[实用贴士]　　**如何设计餐厅的风格**

餐厅的风格是由餐桌、餐椅决定的，所以在装修前就应定好餐桌、餐椅的风格。其中最容易冲突的是色彩、顶棚造型和墙面装饰品。一般来说，它们的风格对应为：玻璃餐桌和线条简洁的金属餐桌对应现代、简约风格；深色木餐桌对应中式、复古风格；浅色木餐桌对应田园、北欧风格；造型较为华丽的金属雕花餐桌对应古典欧式风格。

装饰画
大小不一的组合装饰画，色彩淡雅，增强了空间的艺术感。
参考价格：200~400元

图1

颇具古典意味的餐厅中，黑白色调的装饰画，让墙面的色彩搭配更有层次感，使空间格调更有艺术气息。

图2

少量的金色与银色勾画出餐厅的轻奢美感，地面的黑色线条，简洁明快，让餐厅的整体色彩氛围更加舒适，也更有层次。

图3

以浅色为背景色的餐厅中，深色餐桌椅的运用，让空间的整体格调更趋于稳重舒适。

图4

镜面与金属线条的搭配，为古典风格餐厅带来了一份现代的时尚感，复古造型的家具，线条精致优美，展现出古典风格家居奢华的美感。

① 木纹壁纸

② 装饰银镜

③ 黑金花大理石波打线

④ 车边银镜

⑤ 米黄色玻化砖

① 金箔壁纸
② 米色网纹玻化砖
③ 车边银镜
④ 雪弗板雕花
⑤ 深咖啡色网纹大理石波打线
⑥ 浅米色玻化砖

图1

餐厅采用棕色与金色搭配,彰显出古典风格的设计品质,增加了奢华的韵味。

图2

墙面的镜面延伸到顶面,是餐厅空间设计的最大亮点,搭配刷银漆的餐桌椅,为空间增添了高贵的气质。

图3

餐桌椅简约而不失力度的造型,凸显了实木家具淳朴厚重的质感,同时也为餐厅带来低调华贵的视感。

图4

红色餐椅给人以热情奔放的视觉感受,白色雕花餐边柜则为空间带来了一份干净、明快的气息,两者搭配,呈现出温馨浪漫的氛围。

装饰画
装饰画的雕花描金边框,展现了欧式风格繁复奢华的气度。
参考价格: 300~400元

全抛釉瓷砖

纹理能看得见但摸不着的全抛釉瓷砖是一种精加工砖，它的亮点在于其釉面。在其生产过程中，要将釉加在瓷砖的表面进行烧制，这样才能制成色彩、纹理皆非常出色的全抛釉瓷砖。

👍 优点

全抛釉瓷砖具有彩釉砖的装饰效果，吸水率低，材质性能好。与传统瓷砖相比，最大的优点在于耐磨耐压，无辐射无污染，耐酸碱，装饰效果十分华丽。

❗ 注意

全抛釉瓷砖的施工不要使用传统水泥湿贴的铺装方法，建议使用有机胶黏剂粘贴，这样能较好地避免平整度不佳的问题。

★ 推荐搭配

全抛釉瓷砖+木质踢脚线

全抛釉瓷砖拼花+大理石波打线

图1

全抛釉瓷砖装饰的餐厅墙面，温润的色泽，光滑的表面，使整个餐厅的氛围整洁又不失温馨。

① 印花壁纸

② 全抛釉瓷砖

③ 白枫木窗棂造型

④ 实木地板

⑤ 米色网纹抛光墙砖

⑥ 米色玻化砖

① 印花壁纸

② 木纹壁纸

③ 黑白根大理石踢脚线

④ 条纹壁纸

⑤ 茶镜装饰线

⑥ 米色网纹玻化砖

餐椅
实木雕花餐椅的做工精湛, 颜色淳朴, 体现了欧式风格精致的生活态度。
参考价格: 800~1000元

图1

实木餐椅沉稳的色泽为空间带来踏实稳重的气息, 搭配浅色调的背景色, 呈现出温馨淡雅的视觉感受。

图2

银漆饰面的餐桌椅让餐厅呈现出奢华柔美的格调, 在灯光的作用下显得熠熠生辉。

图3

餐桌椅优美的设计线条富有古典的气质和美感, 金棕色布艺饰面更加彰显奢华气息, 搭配美轮美奂的水晶吊灯打造出华美的视觉盛宴。

图4

高靠背餐椅的设计造型优美纤细, 十分富有古典韵味, 深浅撞色的搭配, 让餐厅的配色更有层次。

壁饰
太阳形状的装饰镜, 赋予古典风格空间无限的创意感。
参考价格: 200~300元

图1

家具的设计简约而不失古典风格的精致格调, 餐桌饰面的颜色与墙面形成呼应, 体现出搭配的整体感。

图2

复古的罗马柱与平开式布艺窗帘, 为餐厅带来高挑的视觉感, 精致华丽的餐厅家具更凸显了欧洲古典主义风格的奢靡与大气。

图3

餐厅的整体格调十分淡雅, 餐椅复古的装饰图案, 打造出一个花团锦簇的视觉感受。

图4

大面积的银镜作为餐厅墙面的装饰, 与灯光的完美搭配, 营造出一个层次丰富、奢华大气的用餐空间。

① 直纹斑马木饰面板
② 浅咖啡色网纹大理石踢脚线
③ 石膏饰面罗马柱
④ 米色玻化砖
⑤ 印花壁纸
⑥ 车边银镜

① 黑白根大理石踢脚线

② 车边灰镜

③ 镜面锦砖拼花

④ 米白洞石

⑤ 石膏装饰浮雕

图1

线条优美流畅的餐桌椅与银漆饰面搭配，奢华且不失趣味性，为现代餐厅带入一份古典宫廷华美的韵味。

图2

珠帘式水晶吊灯给人柔美浪漫的感觉，缓解了深色餐桌的沉闷感，凸显了新古典风格的美感。

图3

金黄色是尊贵的代表，餐厅墙面及饰品的选色营造出一个华丽而高贵的空间氛围。实木餐桌椅色泽沉稳，搭配其中，打造出一个低调内敛，又不失奢华的用餐空间。

图4

餐厅顶面的石膏板雕花，使顶面的设计呈现出丰富的层次美感，柔美的吊灯完美搭配，彰显了古典家居的独特魅力。

装饰绿植
大型装饰绿植用于餐厅, 起到了
很好的美化空间的作用。
参考价格: 根据季节议价

图1

餐椅的条纹布艺饰面搭配深色实木
框架, 凸显了美式风格稳重大气的
格调。

图2

镜面锦砖、银镜在灯光的衬托下,
营造出一个奢华贵气的空间氛围,
缓解了米色的单一感。

图3

浅米色与白色搭配出一个简洁柔和
的空间氛围, 暖色调的灯光让餐厅
的氛围更加温馨浪漫。

图4

餐桌椅的精美雕花, 彰显了古典家
具的精致格调, 在色彩上与餐椅的
布艺饰面形成对比, 整体空间显得
温暖而厚重。

① 印花壁纸
② 镜面锦砖
③ 车边银镜
④ 深咖啡色网纹大理石波打线
⑤ 白枫木装饰线
⑥ 米色玻化砖

① 印花壁纸
② 实木雕花
③ 米黄色网纹玻化砖
④ 仿木纹地砖
⑤ 浅灰色网纹玻化砖
⑥ 米白色抛光墙砖

[实用贴士] **如何实现餐厅的环保装修**

　　餐厅的地面一般应选择大理石、花岗石、瓷砖等表面光洁、易清洁的材料。墙面的齐腰位置要考虑选用耐碰撞、耐磨损的材料，如选择一些木饰或墙砖作局部装饰和护墙处理。顶面宜以素雅、洁净的材料作装饰，如乳胶漆等。有时可适当降低顶面高度，给人以亲切感。餐厅中的软装饰，如桌布、餐巾及窗帘等，应尽量选用较薄的化纤类材料，因为厚实的棉纺类织物极易吸附食物的气味且不易散去，不利于餐厅环境卫生。

图1

深色实木餐桌椅，让餐厅的色彩基调更显稳重，与米黄色仿古砖的搭配，整体氛围更富有复古情怀。

图2

简化的木梁造型与红砖壁炉，使得空间中弥漫着无处不在的美式元素，米白色背景墙搭配棕色木质家具，让空间显得雅致而华贵。

图3

在灯光的照耀下，家具显得熠熠生辉，展现出一派金碧辉煌的视觉感受，彰显了古典风格的奢华与贵气。

图4

吊灯是餐厅装饰的亮点，一抹艳丽的红色为素雅的餐厅增添了一丝妩媚与华丽的氛围。

> **吊灯**
> 彩色玻璃灯罩的吊灯，让用餐空间更加温馨浪漫。
> 参考价格：1800~2400元

① 仿古砖

② 胡桃木装饰横梁

③ 红砖

④ 木质踢脚线

⑤ 车边银镜

⑥ 陶瓷锦砖

① 陶瓷锦砖
② 车边银镜
③ 印花壁纸
④ 米黄色网纹玻化砖
⑤ 黑白根大理石波打线
⑥ 米色抛光墙砖

图1

镜面的运用让餐厅显得简约且富有层次感。黑色与金色搭配的高靠背餐椅,十分富有新古典主义雅致的气质和格调。

图2

银色与紫色的搭配,带来了极致摩登的视觉感受,绚丽的色彩让整个餐厅都散发着高雅、奢华的气息。

图3

餐厅的设计简洁大方,彰显了现代欧式风格的特点,空间整体配色保持一致,使餐厅氛围更加和谐优美。

图4

卷边靠背餐椅为餐厅带来无与伦比的舒适感,餐厅整体以米色为基调,宁静高雅,描金处理的餐边柜将空间点缀得贵气十足。

装饰材料

铁艺隔断

铁艺隔断是利用铁作为隔断的材质，做出一些艺术效果，如几何图形、花形之类的图案。

👍 优点

镂空的铁艺隔断可以让空间看起来更加通透，相比木材、玻璃等其他装饰材质，铁的可塑性更强，款式及花纹更加丰富，且经久耐用。利用铁艺隔断作为装饰之用，既能打破固有格局，区分不同功能的空间，又能使居室环境富于变化，实现空间之间的相互交流，为居室提供更大的艺术与品位相融合的空间。

❗ 注意

铁艺隔断在安装完毕之后要再在其表面涂刷一层防护油漆，避免日久生锈，影响美观与使用寿命。在日常清洁时，尽量避免使用湿抹布擦拭，用干布将表面的浮尘掸掉即可。

★ 推荐搭配

铁艺隔断+乳胶漆

铁艺隔断+不锈钢条+壁纸

图1

将铁艺隔断进行刷金处理，通透又富有奢华感。

① 金箔壁纸

② 成品铁艺隔断

③ 米色网纹大理石

④ 米白色玻化砖

⑤ 白枫木饰面板

⑥ 浅咖啡色网纹大理石波打线

装饰画
抽象题材的装饰画为欧式风格
空间，带来一份活跃感。
参考价格: 200~300元

① 印花壁纸
② 车边银镜
③ 米黄色网纹大理石
④ 米色网纹玻化砖
⑤ 装饰银镜

图1

卷草图案壁纸与白色护墙板营造出
一个极富品质的硬装氛围。米白色
餐椅搭配黑色餐桌，为空间增添了
一份厚重感。

图2

餐椅的棕红色与白色相搭配，营造
出浪漫的用餐氛围，放射形的金属
墙饰为餐厅带来奢华的视觉感受。

图3

以米色与白色为主的餐厅，品位优
雅，白色让餐厅的氛围更显清爽与
整洁，同时也打破了大面积米色的
单调感。

图4

整个餐厅空间透着新古典风格的华
丽气息，镜面与水晶吊灯搭配，增
加了空间的华丽感。

① 米色玻化砖

② 印花壁纸

③ 车边茶镜

④ 胡桃木装饰横梁

⑤ 白色板岩砖

⑥ 米白色玻化砖

图1

金属与棕色的搭配，彰显了古典风格居室华丽贵气的美感。家具中精美的雕花纹样与墙饰及壁纸的图案相互呼应，展现了设计搭配的统一性与协调性。

图2

餐厅墙面选择一组茶色镜面作为墙面装饰，与颜色素雅的古典图案壁纸，打造出一个充满个性魅力的家居空间。

图3

浅灰色与银色的搭配，简约而柔和，给人带来十分放松的视觉感。深色木线条的点缀运用，让餐厅呈现出古典风格的低调与雅致。

图4

厚重的布艺窗帘在起到良好的遮光效果的同时，也让餐厅的色彩基调更有层次感。

① 印花壁纸

② 白枫木饰面板

③ 金箔壁纸

④ 米色玻化砖

⑤ 装饰硬包

⑥ 车边银镜

图1

银色与白色装饰的墙面，清爽而贵气，餐桌椅的精美雕花流露出古典的皮革家具的精髓，金属质感熠熠生辉。

图2

紫色与银色的搭配，大胆而华丽，鲜明的色彩层次为餐厅增添了一份奢华与精致。

图3

以米色为背景色的餐厅，简洁大方，彰显了新古典风格家居的独特魅力。顶面的格栅造型搭配水晶吊灯，使得整个家居空间更加轻盈优美。

图4

餐椅选用金色与蓝色搭配，展现出奢华的气质与格调。深棕色实木餐桌、水晶吊灯及几何图案的地面拼花，尽显奢华古典。

装饰花卉
精美的花卉为用餐空间增添了
无限的情趣与生机。
参考价格: 根据季节议价

图1

餐厅中家具的运用, 是彰显空间格
调的主要手段, 复古的造型, 华丽
的配色, 无一不彰显出古典风格的
奢华与大气。

图2

白色与蓝色相间的餐桌椅, 为餐厅
带来清爽明快的视感。古典图案的
壁纸与白色木线条组合, 让餐厅的
墙面设计更有层次感。

图3

镜面装饰的餐厅吊顶, 在灯光的衬托
下, 增添了用餐氛围的奢华气质。

图4

大量的金色雕花线条高贵而精致,
呈现出金碧辉煌的视觉感。

① 人造大理石踢脚线

② 印花壁纸

③ 车边银镜

④ 手绘墙饰

⑤ 实木顶角线描金

⑥ 布艺软包

① 黑胡桃木装饰横梁

② 仿古砖

③ 车边银镜

④ 木质踢脚线

⑤ 深咖啡色网纹大理石波打线

⑥ 米黄色玻化砖

图1

深棕色实木家具彰显了古典风格低调厚重的美感，红色皮质沙发椅的点缀，让色彩搭配得极为巧妙精致，大大地提升了空间的层次感。

图2

镜面作为餐厅的墙面装饰，给人带来宽敞明亮的视觉感受，同时在光影的作用下，层次变化更加丰富。

图3

米色是塑造温馨氛围的最佳色彩，弯腿实木餐桌椅的黑白撞色与银漆饰面，彰显了古典家具的纯净与高贵，让餐厅更有古典韵味。

单人沙发椅
单人皮质沙发椅的造型简约大气，色彩华丽，彰显了欧式风格的奢华之美。
参考价格: 1000~1400元

[**实用贴士**]

餐厅地面选材应该注意什么

　　餐厅地面材料的选择，因其功能的特殊性，要求考虑便于清洁的因素，同时还需要有一定的防水和防油污的特性。以大理石、瓷砖和强化复合木地板为首选材料，它们皆因耐磨、耐脏，易于清洗而受到普遍欢迎。但强化复合木地板要注意环保要求是否合格，也就是单位甲醛释放量是否达标。瓷砖和强化复合木地板可以选择的款式非常多，可适用各种不同种类的装饰风格，价格上也有多种选择。如果选择石材地面，则会使空间显得高贵典雅，但要注意石材的放射性。餐厅地面材料不宜选用地毯，因地毯不耐脏又不易清洗，餐厅难免会有饭屑、汤渍，容易造成污染。地面的图案可与顶棚相呼应，均衡的、对称的、不规则的搭配，可根据具体情况灵活地设计。当然，在地面材料和图案样式的选择上需要考虑与空间整体的协调统一。

壁饰
运用精美的餐盘作为墙面装饰，让生活更有情趣。
参考价格: 50~80元

图1

餐厅的设计华丽而富有层次感，黑漆实木餐桌在金色线条的修饰下，彰显了古典风格家具的低调与奢华。

图2

棕色绒布饰面的餐椅，极富质感，为餐厅带来低调华丽的视觉感受。

图3

餐厅顶面的圆弧造型，是餐厅硬装设计的亮点，搭配华丽的灯饰，整体氛围更加奢华大气。

图4

实木餐椅框架的精美雕刻，彰显了古典风格家具的精致品位。平开的布艺窗帘使餐厅的视觉感更显高挑，给人以大气的感觉。

① 印花壁纸
② 黑金花大理石波打线
③ 米色抛光墙砖
④ 仿木纹地砖
⑤ 米色亚光墙砖
⑥ 条纹壁纸

① 车边银镜

② 印花壁纸

③ 米黄色网纹玻化砖

④ 白枫木装饰线

⑤ 茶镜装饰吊顶

⑥ 米黄色亚光地砖

图1

条纹布艺饰面的餐椅很有英伦情调，柱腿式设计，纤细精巧。墙面与顶面的线条都采用对称式设计，不仅增加层次感，同时也彰显了古典风格的平衡美。

图2

以白色为主体色的餐厅，给人的视觉感受十分整洁干净，彰显了现代欧式风格的优雅和简洁。

图3

借助水晶灯复杂的造型与壁灯的点缀，整个餐厅显得华丽而温馨，深色布艺窗帘具有良好的遮光性能，同时也让空间的色彩基调更有层次。

图4

黑色花枝造型的吊灯别致新颖，让餐厅富有韵味，也为以浅色为主体色的餐厅增添了一份色彩层次感。

玻璃砖

玻璃砖是使用透明玻璃料或颜色玻璃料压制成型的体形较大的玻璃制品，具有透光、隔热、隔声、防火等特点。

👍 优点

在多数情况下玻璃砖是作为结构材料，用于墙体，或作为屏风、隔断等，既能有效地分隔空间，同时又能保证大空间的完整性，起到遮挡效果，保证室内的通透感。另外，玻璃砖也可以用于墙体的装饰，将小面积的玻璃砖点缀在墙面上，可以为墙体设计增色，同时有效地弱化墙体的厚重感。

❗ 注意

由于产地不同，玻璃砖的品质也不尽相同，在选购时可以通过观察玻璃砖的纹路和色彩进行辨别。通常，意大利、德国生产的玻璃砖表面细腻并带有淡淡的绿色；而印度尼西亚、捷克生产的玻璃砖则比较苍白。在选购玻璃砖时还要注意观察砖体外表是否有裂纹，砖体内是否有未熔物，砖体之间的熔接是否完好等问题。

★ 推荐搭配

玻璃砖隔断+木质装饰立柱

图1

玻璃砖作为隔断，在有效分割空间的同时，也不会影响两个空间的采光，呈现出的装饰效果极佳。

① 玻璃砖装饰立柱

② 磨砂玻璃

③ 米白色玻化砖

④ 印花壁纸

⑤ 黑金花大理石波打线

⑥ 木质踢脚线

图1

黑色木质线条让餐厅的硬装部分十分有层次感，造型相对简洁的餐桌椅经过金漆处理，格外显眼，展现出古典风格的细腻与高贵。

图2

餐厅墙面以灰色和白色为主色，整个空间大气简洁，餐桌椅选用紫色与黑色进行搭配，低调内敛中透露着贵气，极好地丰富了色彩层次。

图3

欧式拱门造型设计的餐厅墙面，装饰线条优美流畅，给人以精致华丽的直观感受。深色实木餐桌椅是餐厅装饰的亮点，不仅增加了空间色彩层次，同时也彰显了古典风格家具的特质。

图4

餐厅顶面横梁与家具的颜色统一，彰显设计搭配的整体性，餐椅繁复的雕花，让餐厅空间充满魅力。

① 车边银镜
② 黑胡桃木踢脚线
③ 肌理壁纸
④ 浅咖啡色网纹大理石波打线
⑤ 米白色玻化砖
⑥ 仿古砖

① 黑色烤漆玻璃

② 黑金花大理石波打线

③ 条纹壁纸

④ 米黄色网纹玻化砖

⑤ 车边茶镜

⑥ 胡桃木装饰线

图1

长方形水晶吊灯在保证餐厅充足照明的同时，增添了餐厅的时尚感。银漆饰面的餐桌椅搭配深色布艺饰面，展现出新古典风格居室的气质与格调。

图2

餐厅中家具的颜色和谐统一，将餐厅的整个墙面设计成陈列柜，保证收纳功能的同时，又具有良好的装饰效果。

图3

金色与茶色元素的装饰，为浅色调的餐厅增添了色彩搭配的层次感，也带来了古典风格的华丽与贵气。

图4

深色布艺饰面搭配经过描银处理的木质框架，色彩对比强烈，将整个空间刻画得贵气十足。

奢华型卧室装饰材料

奢华型卧室很重视色彩和元素的搭配，为营造奢华、舒适的空间氛围，可将华丽的色彩及装饰图案体现在软包、壁纸、木材等材料中，充分展现设计的精细与品位。

① 印花壁纸

② 雕花灰镜

③ 皮革软包

④ 羊毛地毯

⑤ 实木地板

⑥ 布艺软包

⑦ 强化复合木地板

[实用贴士] **卧室地面材料的选择**

卧室的地面应具有保暖性，不宜选用地砖、天然石材和毛坯地面等令人感觉冰冷的材质，通常宜选择地板和地毯等质地较软的材质。在色彩上一般宜采用中性或暖色调，如果采用冷色调的地板，就会使人感觉被寒气包围而无法入眠，影响睡眠质量。正因为卧室的密封性相对比较好，而所选材料又大多为软性材质，因此对于环保性的要求要高于其他空间。

吊灯
水晶吊灯的运用,让睡眠空间多了一丝浪漫的意味。
参考价格:1800~2000元

图1

大量的金黄色营造出一个奢华贵气的空间氛围,雕花镜面、水晶吊灯、黑漆床头柜等元素完美融合在同一空间中,整个卧室给人的感觉熠熠生辉,华丽无比。

图2

卧室的硬装部分十分简洁,设计线条流畅优美的欧式软包床,为现代风格的卧室增添了一份精致的古典美感。

图3

卧室中的配色十分华丽,紫色、金色、白色、黑色及墨绿色,展现出丰盈的层次美感。

图4

以暖色调为主色的卧室,尽显温馨舒适的视觉感受,深色布艺窗帘为空间增添了一份厚重感。

① 雕花银镜
② 皮革软包
③ 强化复合木地板
④ 布艺软包
⑤ 印花壁纸

① 印花壁纸

② 实木地板

③ 皮革软包

④ 雕花银镜

⑤ 装饰硬包

⑥ 强化复合木地板

⑦ 欧式花边地毯

图1

浅色印花壁纸为卧室营造了温暖舒适的氛围，白色、金色、孔雀绿等颜色的运用，烘托出卧室高贵典雅的气质。

图2

米白色软包柔软的触感缓解了镜面带来的冷硬感，良好的隔声效果也保证了卧室的私密性。

图3

软包床及床头柜经过雕花描金处理，显得奢华而经典，深色木地板搭配图案复杂的地毯，为卧室增添了一份沉稳大气的感觉。

图4

丰富的布艺软装元素打造出一个温馨舒适的睡眠空间。米色印花壁纸和浅咖啡色的窗帘，轻柔温暖，搭配精美的古典风格家具，给卧室空间带来了无尽的惬意和浪漫。

万字格装饰造型

万字格是最具有中国传统文化的装饰纹样，有吉祥、万福和万寿之意。

👍 优点

万字格的材质可选性比较多，如樱桃木、胡桃木、橡木、榉木等。在颜色的选择上可以根据居室配色来选择。造型可以是圆形、方形、直角形或直线造型。采用万字格作为顶面装饰，通常是与石膏板进行搭配，先将石膏吊顶设计安装完毕，再根据石膏吊顶的形状、留白位置来安装万字格雕花。

❶ 注意

万字格有很浓郁的中国风，可为居室带来书卷气息，但并不局限于在中式风格居室中使用，运用在其他风格居室中也会有画龙点睛之效。只需要小部分装饰，即可带出韵味，若大面积使用，因木材的色调较深，反而会有陈旧感。

★ 推荐搭配

万字格装饰造型+平面石膏板

万字格装饰造型+木质饰面板+壁纸

图1

卧室的顶面与墙面都选用传统万字格进行装饰，造型风格统一，又富有搭配的整体感，充分展现了传统中式风格古朴雅致的奢华气度。

① 万字格装饰造型

② 实木地板

③ 手绘墙饰

④ 木质格栅

⑤ 装饰硬包

⑥ 陶质木纹地砖

布艺床品
布艺床品的颜色淡雅，花纹复
古，为卧室增添了一份舒适感。
参考价格：400~800元

① 胡桃木装饰线

② 石膏浮雕装饰线

③ 直纹斑马木饰面板

④ 金箔壁纸

⑤ 装饰硬包

图1

卧室以浅色基调为主，给人的感觉
纯美浪漫。深色地板及家具，有效
地缓解了浅色调的轻飘感，打造出
一个简约舒适的睡眠空间。

图2

深色背景色下，一张米白色的软包
床，优美的曲线造型经过描金处
理，成为空间里一道亮丽的装饰，
使卧室的视觉感受饱满丰富。

图3

金色元素的运用，营造出一个大气华
丽的卧室空间，绿植的点缀恰到好
处，把一股自然之气活脱地呈现在卧
室当中，缓解了金色的压抑感。

图4

深棕色与白色的搭配，明快而不失
雅致感，复古的软包床、灯饰、床品
等无一不彰显着古典风格家居的精
致品位。

装饰扇面
用传统中式扇面作为墙面装饰，
体现出中国传统文化的底蕴。
参考价格: 200~260元

① 皮革软包
② 印花壁纸
③ 强化复合木地板
④ 木质窗棂造型
⑤ 混纺地毯
⑥ 装饰硬包

图1

米色给人以纯净温暖的感觉，橙色软包与金黄色印花床品的搭配，为卧室空间增添了一份奢华的诱惑感。

图2

蓝色与金色的搭配形成互补，以鲜明的色彩层次凸显了一份悦动的诱惑，为空间增添了一份奢华与精致。

图3

红木窗棂的运用，让居室显得非常有层次感。羊皮纸宫灯、扇面墙饰等具有中式特色的精美摆件，使整体空间更加丰富。

图4

卧室用一抹蓝色与白色的点缀，为色调沉稳的空间增添了一份明快清爽的感觉。卧室家具的线条优美流畅，金色边框更加凸显了古典风格家具的高雅贵气。

① 印花壁纸
② 欧式花边地毯
③ 白枫木饰面板
④ 布艺软包
⑤ 皮革软包

图1

大马士革图案的壁纸搭配白色护墙板，让卧室的氛围简约而温馨，深色家具让卧室色彩层次更加分明，也凸显了古典风格的高雅格调。

图2

木质家具在银漆的装饰下显得熠熠生辉，优美的设计曲线更加凸显了古典风格家具的特点。深浅棕色的布艺床品、地毯及窗帘等软装元素提高了卧室的舒适度。

图3

金色与米黄色的搭配，让空间的奢华视觉感扑面而来，黑色与棕色的点缀，让卧室配色更和谐，同时缓解了金色所带来的沉闷感，让空间显得更为沉稳。

图4

浅灰色软包装饰的床头墙，提升了卧室的舒适度，让卧室的空间氛围更显宁静、安逸。

① 皮革软包
② 实木地板
③ 白枫木装饰线
④ 白枫木百叶
⑤ 木质踢脚线
⑥ 印花壁纸

图1

皮革软包在金色铆钉的修饰下，立体感更强，搭配白色木质家具，营造出一个简约而又奢华的空间氛围。

图2

软包床与床头墙软包的颜色保持一致，体现了搭配的协调统一，木质家具的精美雕花经过银漆涂饰，更显奢华与精致。

图3

软包与壁纸的颜色相呼应，搭配白色家具，整体氛围简洁舒适，家具金色的雕刻边框，让空间显得奢华尊贵。

图4

暖色的灯光，让卧室的空间基调更加温馨舒适，色彩的深浅对比，更加凸显了金色花边的形态美。

床
软包靠背床，描金雕花，奢华大气，彰显了欧式风格的特点。
参考价格：3000~5000元

① 皮革软包

② 木质踢脚线

③ 雕花银镜

④ 装饰硬包

⑤ 强化复合木地板

⑥ 印花壁纸

[实用贴士] **如何搭配地毯**

　　地毯在空间里可以是主角，也可以是搭配元素，完全取决于花色和摆放手法。家具的颜色和地毯色调应该相互呼应，同色系是比较安全的做法，例如，浅木色家具或线条较繁复的家具，不妨搭配深咖啡色或灰色等色彩"冷"一点的地毯，以免视觉上过于杂乱，反之，为求空间不要太素、太空洞，地毯的花样就可以热闹一点。

① 无缝饰面板
② 艺术地毯
③ 强化复合木地板
④ 白枫木装饰线
⑤ 布艺软包
⑥ 有色乳胶漆

单人沙发椅
沙发椅的造型简洁大方，体现了空间搭配的时尚感。
参考价格：600~800元

图1

黑色与米白色的搭配，彰显了家具设计的品质感，简约的设计造型，充满了个性魅力。

图2

米黄色卷草图案的壁纸搭配白色木质线条，简洁而温馨，家具的描金处理，增添了卧室的高贵气质。

图3

米黄色软包在暖色灯光的衬托下，温馨格调更加突出，软包床的金色雕花高贵而精致，展现出奢华的视感。

图4

柔和的浅色作为背景色，营造出了轻松愉快的氛围，床品的色彩华丽而丰富，让空间色彩呈现出绚丽的视感，也带来了一丝柔情。

① 黑胡桃木饰面板

② 欧式花边地毯

③ 仿木纹砖

④ 条纹壁纸

⑤ 石膏装饰线井字格造型

⑥ 布艺软包

图1

米黄色是传统中式色彩搭配中较为常用的暖色，搭配精美的花鸟图案，更加彰显了传统中式风格雍容华贵的气质。

图2

层次丰富的水晶吊灯让卧室的氛围奢华大气，搭配格栅型吊顶，给人一种华丽高雅的感受，米色壁纸与茶色镜面让空间基调更显奢华。

图3

浅灰色与白色的搭配，给人一种简洁大气的视觉感受，复古造型的家具、灯饰、床品等，彰显出新古典风格简约精致的美感。

图4

浓郁的蓝色打造出一种奢华的风格气质，大量金色线条的运用，更是将卧室空间刻画得贵气十足。

床
高靠背软包床，柔软舒适，彰显欧式风格的奢华大气。
参考价格：3800~5200元

金箔壁纸

金箔壁纸是以金色、银色为主要色彩，面层以铜箔仿金、铝箔仿银制成的特殊壁纸，拥有光亮华丽的效果，具有不变色、不氧化、不腐蚀、可擦洗等优点。

👍 优点

金箔壁纸能够营造出繁复典雅、高贵华丽的空间氛围。此类壁纸采用部分印花的金箔材质，可根据居室风格进行适当的大面积运用。此外，银色调的金箔壁纸比较适用于后现代风格空间，而金色的金箔壁纸则更适用于装饰古典欧式风格及东南亚风格居室。

❗ 注意

金箔壁纸因其金属特性，不可用水或湿抹布擦拭，以避免壁纸表面发生氧化而变黑。清洁时，可以用干海绵轻轻擦拭，或用专用壁纸清洁剂进行清洁。

★ 推荐搭配

金箔壁纸+石膏装饰线

金箔壁纸+石膏板装饰浮雕

图1

金箔壁纸的运用，让整个空间显得奢华、贵气，白色线条的运用，缓解了大面积金色带来的压抑感。

① 金箔壁纸

② 皮革软包

③ 印花壁纸

④ 实木复合地板

⑤ 石膏花式顶角线

⑥ 手绘墙饰

① 有色乳胶漆

② 艺术地毯

③ 皮革软包

④ 白枫木百叶

⑤ 布艺软包

⑥ 雕花银镜

台灯
雕花陶瓷台灯，古朴雅致，彰显
古典风格灯具的精致。
参考价格：1000~1200元

图1

卧室的配色十分清雅，灯饰、家具、布艺等元素为原本简约的空间增添了复古情怀，金色边线的点缀，更是增加了奢华的韵味。

图2

高级灰的运用为古典风格的卧室增添了一份现代感，深色花边地毯的运用则为空间带来了踏实稳重的气息。

图3

卧室中布艺饰品的完美搭配，呈现出温馨浪漫的氛围，暖色灯光的运用更是打造出一个如梦幻般唯美的睡眠空间。

图4

软包与镜面的完美搭配，在灯光的衬托下，更显典雅与唯美。银灰色软包床是卧室的主角，为卧室增添了一份奢华与精致。

① 装饰硬包

② 实木地板

③ 印花壁纸

④ 皮革软包

⑤ 白枫木百叶

图1

古典风格卧室满怀典雅之气，大地色系的空间沉稳又舒适，红木家具搭配窗帘、花边地毯等布艺饰品，营造出大气、雅致的居室环境。

图2

大马士革图案的银色印花壁纸在灯光的照耀下，格外华丽。淡紫色、绿色、蓝色的点缀，让空间的氛围更加柔和、温馨、浪漫。

图3

石材、软包、印花壁纸等材料汇聚在一起，所有元素在空间里完美融合，营造出雅致、温馨的空间氛围。

图4

米黄色与白色为卧室的背景色，展现出空间基调的柔美情怀，带有复古图案的浅咖啡色床品，十分低调，体现了新古典风格低调沉稳的气质。

台灯
淡紫色的灯罩营造出一种温馨浪漫的氛围。
参考价格: 400~600元

① 印花壁纸
② 布艺软包
③ 装饰硬包
④ 红樱桃木饰面板
⑤ 装饰银镜

图1

带有金色流苏元素的布艺窗帘，为卧室带来一份典雅与唯美的视觉感受，结合古典风格的壁纸与家具，打造出一个气质与风韵更加迷人的卧室空间。

图2

床头墙采用软包与雕花镜面进行搭配，设计层次丰富，色调温馨，营造出了一份雅致与恬适。精致的古典家具更为空间增添了奢华与精致的美感。

图3

棕红色的护墙板、家具呈现出的视觉感十分饱满，结合浅色调的古典风格壁纸与床品，显得典雅大方。

图4

卧室的氛围温暖舒适，灰色与蓝色搭配的床品更使空间氛围优雅大气。

台灯
颜色清秀的陶瓷底座，搭配手绘图案的羊皮纸灯罩，为睡眠空间注入了一份雅致清丽的气息。
参考价格：800~1200元

① 有色乳胶漆
② 皮革软包
③ 印花壁纸
④ 仿动物皮毛地毯
⑤ 实木地板

地毯
欧式花边地毯的复古花纹，为空间带入了一份怀旧情怀。
参考价格：300~600元

图1

淡绿色的墙漆为卧室带来清爽自然的视觉感受，让整个空间的色彩更有层次感。

图2

古典图案的壁纸与棕红色护墙板搭配，营造出一个古朴雅致的空间氛围，绿色窗帘的点缀，增添了色彩的华丽感。

图3

米黄色印花壁纸装饰的墙面，素雅大气，深色实木家具搭配素色床品，复古的造型设计表现出古典风格的精致格调。

图4

圆拱形的顶面设计搭配美轮美奂的水晶吊灯，让整个卧室的氛围奢华且富有浪漫情调。

① 皮革软包
② 印花壁纸
③ 红樱桃木装饰线
④ 装饰硬包
⑤ 实木地板
⑥ 欧式花边地毯

[实用贴士] 卧室墙面装修如何隔声

　　卧室应选择吸声、隔声性能好的装饰材料，如触感柔细、美观的布贴，具有保温、吸声功能的挂毯或背景墙的软包都是卧室的理想之选。卧室墙面若要做隔声处理，可以安装隔声板，但要在原有的墙体上加厚 8~15cm 才能达到较好的隔声效果。窗帘应选择遮光性、防热性、保温性以及隔声性较好的半透明的窗纱或遮光窗帘。

床

精美的实木雕花与布艺，充分体现出古典欧式风格的奢华与大气。

参考价格：5000~6000元

图1

墙面石膏板精致的雕花与壁纸的古典花纹相呼应，将新古典风格轻奢的仪式感表现得淋漓尽致。

图2

卧室中大量的布艺饰品装饰让整个卧室的氛围更加温馨舒适。

图3

金漆饰面的小型家具，具有很强的视觉冲击感，令暖色调的空间呈现出奢华的味道。

图4

水波帘头搭配平开帘的窗帘样式，造型感极强，迎合了古典风格装饰的特点。卧室家具中的金色线条也让空间基调更显华贵。

① 跌级石膏板吊顶
② 仿木纹地砖
③ 皮革软包
④ 欧式花边地毯
⑤ 白枫木装饰线
⑥ 印花壁纸

图1

水波帘头与平开帘组合而成的卧室窗帘，彰显了古典风格的典雅与唯美，以深色作为床品的用色，有效地提升了空间的色彩层次。

图2

卧室中的硬装与软装都采用大量的金色线条进行修饰，给人呈现的视觉感受十分奢华，彰显了欧洲古典主义的浮夸与奢靡。

图3

古典风格图案的壁纸在金色木质线条的装饰下，装饰效果更显华丽。地面的黑色线条增加了空间色彩的层次感。

图4

顶面的金箔壁纸在灯光的作用下更显华丽与贵气，同时与家具中的金属形成呼应，体现出色彩搭配的巧妙与精致。

① 印花壁纸

② 胡桃木饰面板

③ 装饰硬包

④ 金箔壁纸

电视柜
电视柜的造型简洁大方，为传统欧式风格空间增添了一份现代的时尚感。
参考价格：1200~1400元

浮雕壁纸

　　浮雕壁纸是PVC型发泡壁纸。以无纺布、纺布等为基材，表面喷涂PVC树脂膜，再经过压花、印花等工序制造而成。

👍 优点

　　浮雕壁纸设计新颖、色彩缤纷、风格各异，除了图案与色调变化强烈外，还具有立体、浮雕等效果。

❗ 注意

　　浮雕壁纸的日常养护与清洁十分简单。如果壁纸起泡，说明粘贴时涂胶不匀，壁纸与墙面受力不均而产生内置气泡。处理时只需用针在气泡处刺破，用微湿的布将气泡赶出，再用针管取适量胶由针孔注入，最后抚平压实即可。如果壁纸发霉，可用干净的抹布沾肥皂水轻轻擦拭发霉处或使用壁纸除霉剂。如果壁纸翘边，可取适量的胶抹在翘边处，将翘边抚平，用手压实黏牢，再用吹风机热风吹十几秒即可。

★ 推荐搭配

浮雕壁纸+木质装饰线

浮雕壁纸+布艺软包+木质饰面板

图1

卷草图案的浮雕壁纸，色彩素雅，让整个卧室都沉浸在奢华而不失雅致的氛围当中。

① 浮雕壁纸

② 红樱桃木装饰线

③ 银箔壁纸

④ 布艺软包

⑤ 雪弗板雕花

图1

平开式布艺窗帘的颜色与软包及抱枕的颜色相同,体现了色彩搭配的用心,也为浅色调空间带来一份不可或缺的诱惑力。

图2

黑白调的四柱床带着现代的时尚感,床头墙金黄色的软包呈现出中式的古典韵味,两者搭配在一起,令空间呈现出不一样的中式风情。

图3

两根罗马柱的装饰,让卧室空间十分富有古典主义风格的仪式感,暖色调的背景色与深色床品及家具形成对比,冲淡了石材的冷硬感,同时在格调上也更显典雅大方。

图4

米色与白色的卧室墙面十分简约,蓝色与浅灰色搭配的床品,以鲜明的色彩层次凸显出空间搭配的不凡气质。

① 车边银镜
② 强化复合木地板
③ 雕花银镜
④ 皮革软包
⑤ 印花壁纸
⑥ 白枫木饰面板

吊灯

水晶吊灯的造型奢华，极具装饰效果，表现出温馨浪漫的卧室氛围。

参考价格：1800~2200元

图1

白色与棕色的配色，明快而和谐。古典家具经过银色线条的修饰，更加凸显了古典风格奢华秀美的格调。

图2

古典纹样的壁纸与软包装饰的卧室墙面，雅致而富有层次感，营造出一个浪漫恬静的睡眠空间。

图3

墙面的木质线条与家具保持一致，彰显了卧室设计协调统一的美感。

图4

浅灰色与银色的搭配，表现出新古典风格的轻奢美感。床头墙的设计层次十分丰富，整个空间传达出一种内敛的理性美感。

① 装饰硬包

② 车边银镜

③ 皮革软包

④ 木纹壁纸

⑤ 强化复合木地板

⑥ 车边茶镜